Stressprävention in modernen Arbeitswelten

Hilko Paulsen
Timo Kortsch

Stressprävention in modernen Arbeitswelten

Das „Einfach weniger Stress"-Manual

Dr. Hilko Paulsen, geb. 1985. 2005–2011 Studium der Psychologie in Köln. 2011–2019 Wissenschaftlicher Mitarbeiter an der Technischen Universität Braunschweig. 2017 Promotion. Seit 2016 selbstständig als Berater in der Organisationsentwicklung und Trainer. Seit 2019 in der Führungskräfteentwicklung der Generalzolldirektion in Münster tätig. Schwerpunkte: Stressmanagement, Kompetenz- und Veränderungsmanagement. Zusatzausbildung im sportpsychologischen Training.

Dr. Timo Kortsch, geb. 1985. 2006–2013 Studium der Psychologie in Halle und Magdeburg. 2013–2019 Wissenschaftlicher Mitarbeiter an der Technischen Universität Braunschweig. 2019 Promotion. Seit 2016 selbstständig als Trainer im Bereich Organisations- und Führungskräfteentwicklung. Schwerpunkte: Stressmanagement, digitale Lösungen zur Kompetenzentwicklung, Lernkultur. Zusatzausbildungen als Systemischer Berater und Therapeut (SG) und Hypnotherapeut (M.E.G.).

Bibliografische Information der Deutschen Nationalbibliothek
Die Deutsche Nationalbibliothek verzeichnet diese Publikation in der Deutschen Nationalbibliografie; detaillierte bibliografische Daten sind im Internet über http://dnb.dnb.de abrufbar.

Hogrefe Verlag GmbH & Co. KG
Merkelstraße 3
37085 Göttingen
Deutschland
Tel. +49 551 999 50 0
Fax +49 551 999 50 111
verlag@hogrefe.de
www.hogrefe.de

Umschlagabbildung: © iStock.com by Getty Images / Peopleimages
Satz: Mediengestaltung Meike Cichos, Göttingen
Druck: AZ Druck und Datentechnik, Kempten
Printed in Germany
Auf säurefreiem Papier gedruckt

1. Auflage 2020

(E-Book-ISBN [PDF] 978-3-8409-2924-3; E-Book-ISBN [EPUB] 978-3-8444-2924-4)
ISBN 978-3-8017-2924-0
http://doi.org/10.1026/02924-000

Inhaltsverzeichnis

CD-ROM

Die CD-ROM enthält PDF-Dateien der Materialien, die für die Durchführung von „Einfach weniger Stress“-Kursen ebenso wie in individuellen Coaching- und Beratungsprozessen verwendet werden können. Die PDF-Dateien können mit dem Programm Acrobat® Reader (eine kostenlose Version ist unter www.adobe com/products/acrobat erhältlich) gelesen und ausgedruckt werden. Die CD-ROM enthält zudem eine Videodatei urd Dateien im Format Microsoft® Office PowerPoint®, die mit kompatiblen Programmen auf dem PC abgespielt werden können.

Einleitung

Als in den 1990er Jahren das Internet seinen Siegeszug begann, konnte man die tiefgreifenden Auswirkungen auf die Arbeits- und Lebensbedingungen noch nicht absehen. Die zunehmende Vernetzung und Beschleunigung von Prozessen stellen Menschen vor neue Herausforderungen, die sich immer mehr auch im psychischen Erleben – insbesondere im Erleben von Stress – niederschlagen (siehe Kapitel 1).

Als Psychologen, die in der Wissenschaft tätig waren, haben wir uns immer gefragt, wie das vielfältige theoretische Wissen in die Anwendung gebracht werden kann. Deshalb besuchten wir eine Ausbildung zum Kursleiter Stressmanagement, um Menschen praktische Kompetenzen zur Stressprävention vermitteln zu können. Beim Besuch der Ausbildung wurde uns aber schnell klar, dass bestehende Kurskonzepte den aktuellen Anforderungen gar nicht ausreichend Rechnung tragen. Zum einen gibt es seit der Entwicklung verbreiteter Kursprogramme viele aktuelle Forschungsbefunde aus der Motivations- und Emotionsforschung zum komplexen Zusammenwirken von Stressoren und Ressourcen, die Stresspräventionskonzepte bereichern und den veränderten Anforderungen angemessener erscheinen (siehe Kapitel 2). Zum anderen waren die Programme oft als mehrwöchige Kurse angelegt, obwohl Menschen in der heutigen Zeit nach einer schnellen Lösung suchen (siehe Kapitel 3). Eine Konzeption, die einen flexiblen Einsatz ermöglicht (z. B. als Kompaktkurs oder in dyadischen Settings), erschien daher angemessen.

Deshalb wird mit dem „Einfach weniger Stress"-Manual ein Konzept für Stresspräventionstrainings in Gruppen von 5 bis 12 Teilnehmenden (Kapitel 6) genauso wie für individuelle Coachings und Beratungen (Kapitel 7) vorgestellt. Das Trainingsprogramm ist in fünf Phasen bzw. Schritte aufgeteilt, die je nach Ziel und Anliegen unterschiedlich intensiv behandelt werden können. Hierfür werden verschiedene Methoden vorgestellt, die als Vorschläge zu verstehen sind und durch die Expertise der Anwenderinnen und Anwender unbedingt erweitert werden sollten.

Das „Einfach weniger Stress"-Kurskonzept wurde von der Zentralen Prüfstelle Prävention der Kooperationsgemeinschaft gesetzlicher Krankenversicherungen zertifiziert und mit dem Qualitätssiegel „Deutscher Standard Prävention" versehen (siehe Kapitel 5). Die Wirksamkeit des Trainingsprogramms wurde im Vorher-Nachher-Vergleich mit einer Wartekontrollgruppe und Follow-up-Messung nach fünf Wochen überprüft (siehe Kapitel 4).

Zuletzt wird in Kapitel 8 noch ein Ausblick gegeben, welche weiteren Anwendungsfelder das „Einfach weniger Stress"-Konzept bietet. Dafür wird die Stresscue-App als konkrete digitale Lösung für die individuelle Stressprävention vorgestellt, die einzeln oder als Ergänzung zu Trainings und Coachings eingesetzt werden kann. Menschen mit neuen Kompetenzen auszustatten, ist ein wichtiger Weg zur Stressbewältigung. Doch ebenso wichtig ist es, Arbeitsprozesse und -strukturen zu verändern. Deshalb wird auch auf Möglichkeiten der Verhältnisprävention nach dem „Einfach weniger Stress"-Konzept vor allem in Unternehmen eingegangen.

Das bisherige Feedback unserer Klientinnen und Klienten sowie Kooperationspartnerinnen und Kooperationspartner macht uns stolz, mit dem „Einfach weniger Stress"-Programm tatsächlich das geschaffen zu haben, was wir beabsichtigt haben: ein einfaches und intuitives Stresspräventionskonzept, das sich durch theoretische Fundierung und Anwendbarkeit gleichermaßen auszeichnet und vielfältig einsetzen lässt. Einige Inhalte und Methoden werden Ihnen vertraut erscheinen. Gleichzeitig werden Sie Neues erfahren und Bekanntes aus einer neuen Perspektive betrachten können. Das Konzept ist dabei keineswegs statisch zu sehen. Es lebt. Es lebt von Ihrer Expertise, mit der Sie das Konzept beim Lesen und bei der Anwendung zum Leben erwecken. Wir sind gespannt, wie Sie das „Einfach weniger Stress"-Manual anwenden, was Sie als nützlich erleben und freuen uns auf Ihre Rückmeldung.

Wir möchten uns besonders bei Anne Fabian bedanken, die uns bei der Evaluationsstudie zum „Einfach weniger Stress"-Kurs besonders unterstützt hat. Außerdem gilt unser Dank Ramon Rimpler und Pevi Schröder, die an verschiedenen Stellen bei der Entstehung dieses Buches mitgewirkt haben. Zuletzt möchten wir unserer Lektorin Tanja Ulbricht danken, die mit ihren Ideen und Anregungen das Manuskript noch maßgeblich verbessert hat.

Braunschweig, im Oktober 2019 Hilko Paulsen und Timo Kortsch

Kapitel 1
Ausgangslage – Stress in modernen Arbeits- und Lebenswelten

Die Arbeitswelt befindet sich im Wandel. Dies ist nichts Neues. Kaum etwas ist so kontinuierlich wie Veränderungen (Kraiger, 2014). Beschäftigte sind in der Folge immer wieder mit neuen Anforderungen konfrontiert, die sie bewältigen müssen.

Gegenwärtig wird vor allem in der *Digitalisierung* eine zentrale Rolle als Treiber für Veränderungen gesehen. Begonnen hat die Digitalisierung bereits vor einigen Jahrzehnten. Seit der Jahrtausendwende übersteigen digitale Datenmengen wie Texte und Fotos auf Computern, Sticks und anderen Medien die analogen Datenmengen in Aktenschränken (Hilbert & López, 2011). Die Verbreitung von Smartphones ist im letzten Jahrzehnt gestiegen. Schätzungen gehen von 57 Millionen Smartphone-Nutzenden in Deutschland aus (Bitkom, 2018). In Kombination mit sozialen Medien wie Facebook oder Instagram und Instant Messengern wie WhatsApp oder Snapchat vernetzt das Smartphone Menschen weltweit zu jeder Zeit – vorausgesetzt es besteht eine Internetverbindung. Daten liegen dabei nicht mehr auf Festplatten, sondern in Clouds. So können verschiedene Personen von verschiedenen Endgeräten auf Daten zugreifen. Dies ermöglicht beispielsweise mobiles Arbeiten.

Vernetzt werden aber nicht nur Menschen. Mit dem Begriff *Industrie 4.0* wird die Vernetzung von Dingen, insbesondere Maschinen, durch Algorithmen angesprochen (siehe Kasten).

Industrie 4.0: Das Internet der Dinge

Der Begriff „Industrie 4.0" ist ein von deutschen Wissenschaftlern geschaffener Kunstbegriff. Er beschreibt in Anlehnung an die vorangegangenen industriellen Revolutionen eine vierte industrielle Revolution. Die erste industrielle Revolution war durch die Erfindung der Dampfmaschine eingeleitet worden, durch die Entdeckung der Elektrizität und Serienproduktion erfuhr die industrielle Fertigung einen zweiten Aufschwung. Informations- und Kommunikationstechnologien haben dann nach dem zweiten Weltkrieg zunehmend für eine Automatisierung gesorgt. Auf dieser dritten industriellen Revolution baut Industrie 4.0 auf. Durch immer bessere und günstigere Speichermedien werden Maschinen mit Sensoren ausgestattet und können so miteinander kommunizieren. Dabei betrifft dies nicht nur die industrielle Produktion. Nahezu alle Wirtschaftsbereiche von der Landwirtschaft bis zum Dienstleistungssektor sind von den Entwicklungen, allen voran der Digitalisierung, betroffen (vgl. Kagermann, Wahlster & Helbig, 2013).

Weil die für die Industrie 4.0 typischen Merkmale nicht nur die industrielle Produktion, sondern auch andere Sektoren vom Handwerk, über Handel bis hin zur Landwirtschaft betreffen, ist häufiger die Sprache von *Arbeit 4.0*. Im Arbeitsalltag kommt die moderne Arbeitswelt oft durch die Nutzung von Smartphones und sozialen Medien zum Ausdruck, wie eingangs geschildert.

Doch wie verändert sich die Arbeit 4.0? In arbeitswissenschaftlichen Ansätzen wird oft das Zusammenspiel von Mensch, Technik und Organisation betrachtet. Es ist auch die Rede von soziotechnischen Systemen (Trist & Bamforth, 1951; Ulich, 2011). Nicht nur die Technik ist zu berücksichtigen, sondern auch organisationale Strukturen und Prozesse sowie der Faktor Mensch. Technik sowie Organisationsstrukturen und -prozesse stellen Anforderungen an die arbeitenden Menschen. Gleichzeitig bringen die Menschen Ressourcen mit, die erst den Einsatz von Technik sowie effiziente Prozesse ermöglichen. Die Digitalisierung wirkt sich auf den Menschen, die Technik und Organisation sowie insbesondere das

Zusammenspiel dieser Komponenten in Arbeitssystemen aus. Dadurch ergeben sich neue Qualitäten.

Zunächst ermöglicht die Digitalisierung eine technologische Veränderung. Dokumentationen werden etwa nicht mehr Paper-Pencil getätigt, sondern mit einer App. Diese technologische Veränderung wirkt sich auf Strukturen und Prozesse innerhalb der Organisation aus. Eine digitale Dokumentation führt beispielsweise dazu, dass Daten schnell nach einem Kundentermin eingegeben werden, statt erst am Abend im Büro. Die Daten sind dadurch in Echtzeit zugänglich und können zur Steuerung von Prozessen genutzt werden. Es ergeben sich ganz neue Möglichkeiten, die zu neuen Aufgaben und Tätigkeiten führen. Menschen benötigen für diese neuen Aufgaben zum Teil auch neue Kompetenzen: Wissen, Fähigkeiten und Fertigkeiten, die ihnen helfen, diese Aufgaben erfolgreich zu bewältigen. Gleichzeitig werden Beschäftigte mit neuen Phänomenen konfrontiert. Dies ist beispielsweise die Mail, die noch am späten Abend im Postfach landet und dazu führen kann, dass der Einzelne sich fremdbestimmt fühlt.

Doch der Mensch ist keineswegs ausschließlich als passiver Akteur zu verstehen. Vielmehr gestalten Menschen die Nutzung von digitalen Technologien aktiv mit. Oft ergibt sich so ein Spannungsfeld aus Fremd- und Selbstbestimmung. Gerade bei dem Phänomen der *ständigen Erreichbarkeit* (siehe Kasten) ist dies zu beobachten.

Ständige Erreichbarkeit: Eine Frage des Typs?

Die Digitalisierung ermöglicht ein mobiles Arbeiten. Das Smartphone ist oft rund um die Uhr angeschaltet. Dienstmails können jederzeit gelesen werden – auch außerhalb des Büros, z.B. abends in der Freizeit. Die Folge: Es kommt zu einer zunehmenden Entgrenzung zwischen Arbeits- und Privatleben. Eine erweiterte Erreichbarkeit, d.h. das Arbeiten auch nach Dienstschluss, steht in einem Zusammenhang mit gesundheitlichen Beeinträchtigungen, wie Studien zur arbeitsbezogenen Smartphone-Nutzung in der Freizeit zeigen (Derks & Bakker, 2014; Ohly & Latour, 2014). Doch wie kommt es dazu? In einer qualitativen Interviewstudie von Menz, Pauls und Pangert (2016) mit 43 Beschäftigten aus der IT-Branche zeigen sich vier Auslöser für erweiterte Erreichbarkeit:

1. *Sachlich-funktionale Erreichbarkeitsnotwendigkeiten:* Die Erreichbarkeit wird auf einen Sachgrund zurückgeführt. Dies sind beispielsweise Störungen, die schnell behoben werden müssen oder ein Abstimmungsbedarf im Team, der als notwendig betrachtet wird. Wird die Erreichbarkeit als „sachlich-funktional“ bewertet, besteht seitens der Beschäftigten meistens eine hohe Akzeptanz, da die Identifikation mit der Arbeit hoch ist.
2. *Soziale Erreichbarkeitskulturen:* Hierbei handelt es sich um zumeist nicht ausgesprochene Erwartungen. So gehen Beschäftigte davon aus, dass Führungskräfte Erreichbarkeit erwarten und erleben dies als Loyalitäts- oder Leistungstest. Interessant dabei ist: Innerhalb einer Organisation unterscheiden sich die wahrgenommenen Erreichbarkeitskulturen stark. Selten werden Erwartungen klar kommuniziert. Beschäftigte könnten dies proaktiv ansprechen und so einen Klärungsprozess einleiten.
3. *Entlastungsstrategie für Beschäftigte:* Um z.B. in der Woche die Zeit eher mit konzeptionellen oder anderen aufwendigen Arbeiten zu verbringen, werden organisatorische und kommunikative Aufgaben wie das Bearbeiten von Mails bereits am Sonntagabend erledigt.
4. *Proaktive Erreichbarkeitsroutinen:* Hierbei handelt es sich um Gewohnheiten und Automatismen, die ohne einen sachlichen Anlass oder dem Ziel der Entlastung zum Abrufen und ggf. Bearbeiten von Mails führen. Dies kann sogar unbeabsichtigt geschehen, beispielsweise wenn dienstliche Mails mit dem privaten Handy abgerufen werden. Schnell wird dann die Mail der Führungskraft noch bearbeitet.

Die Interviewten unterscheiden sich allerdings in der Beanspruchung sowie dem Idealbild, in dem sie sich Entgrenzung oder Integration von Arbeit und Leben wünschen. Daraus wurde eine Typologie gebildet: *Erfolgreichen Grenzziehenden* gelingt es entsprechend ihres Ideals, Grenzen zwischen Arbeits- und Privatleben zu ziehen. *Belasteten Grenzziehenden* gelingt es, weniger Grenzen zu ziehen, als sie sich wünschen. Sie erleben ihren Handlungsspielraum als gering, nehmen soziale Erreichbarkeitskulturen wahr und zeigen proaktive Erreichbarkeitsroutinen. *Getriebene Entgrenzte* sehen kein Ideal in einer starken Trennung, erleben die Entgrenzung jedoch stark fremdbestimmt und fühlen sich daher „getrieben“. *Glückliche Entgrenzte* sehen in der Verschmelzung von Arbeit und Privatleben ein Ideal. Sowohl sachlich-funktionale Erreichbarkeit als auch proaktive Erreichbarkeitsroutinen lösen erweiterte Erreichbarkeit auch außerhalb der regulären Dienstzeit aus. Dabei sind die glücklich Entgrenzten gleichermaßen Sender und Empfänger: Sie agieren einerseits selbst nach Feierabend und senden Mails, andererseits erhalten sie selbst welche.

Medial wird oft das *Rationalisierungspotenzial* digitaler Technologien diskutiert. Genährt werden solche Diskurse durch Studien wie die von Frey und Osborne (2013), welche zu dem Ergebnis kommt, dass 42% aller Jobs in den USA durch die Digitalisierung gefährdet sind. Diesen Ergebnissen gegenüber steht eine Studie des Bundesinstituts für Berufsbildung von Helmrich et al. (2016). Die Autoren dieser Studie kommen zu dem Schluss, dass lediglich 12% der Berufe gefährdet seien. Vielmehr komme es zu einer Verlagerung von Tätigkeiten. Statt ausführender Tätigkeiten werden künftig stärker planerische, steuernde und kommunikative Tätigkeiten gefordert sein. Das bedeutet dennoch eine gravierende Veränderung: Beschäftigte brauchen neue Kompetenzen. Ein *lebenslanges Lernen* wird mehr und mehr erforderlich.

Dabei bleibt oft nur wenig Zeit für die Lernprozesse. Denn schließlich wartet Arbeit auf die Beschäftigten. Gerade mit der Digitalisierung ist die Annahme verbunden, dass die Arbeitsdichte zugenommen hat. Wo früher noch ein Brief abgeschickt wurde, sodass der Postweg Prozesse in die Länge gezogen hat, können Informationen nun per Mail und Instant Messenger zu jeder Zeit abgerufen und gesendet werden. Dadurch kommt es zu einer höheren Schnelllebigkeit – eines von vielen Merkmalen moderner Arbeitswelten, die gerne auch als *VUKA-Welten* (siehe Kasten) beschrieben werden.

VUKA-Welten

VUKA ist ein Akronym und steht für die Begriffe Volatilität, Unsicherheit, Komplexität und Ambivalenz, die auch moderne Arbeitswelten kennzeichnen (vgl. von Ameln & Wimmer, 2016; Bennett & Lemoine, 2014). *Volatilität* bezeichnet die Schnelllebigkeit von Prozessen und Veränderungen. Den Begriff kennen wir ansonsten eher von Aktienkursen, die stark schwanken. Übertragen auf Arbeitswelten wird mit hohem Tempo in eine Richtung gesteuert, um am nächsten Tag das Ruder umzureißen und Kurs auf ein anderes Ziel zu nehmen. Ein Treiber dafür ist eine verstärkte *Unsicherheit*. Entwicklungen sind nur schwer vorhersagbar. Neue Informationen tauchen erst im Prozess der Arbeit auf. Zurückzuführen ist dies teilweise auf eine *Komplexität*, die sich durch das Zusammenspiel vieler Akteure und Prozesse ergibt. Arbeitsaufgaben sind oft vielschichtig. Sie müssen technologischen, wirtschaftlichen und rechtlichen Anforderungen genügen. Dies äußert sich in einer starken *Ambivalenz*, die durch widersprüchliche Anforderungen gekennzeichnet ist. Beispielsweise ist man bei der Arbeit mit mehreren Verordnungen konfrontiert, die einander widersprechen.

Doch geht eine höhere *Arbeitsintensität* auch stets mit einer höheren Beanspruchung einher? In einer Metaanalyse werteten Stab und Schulz-Dadaczynski (2017) insgesamt 294 Studien zum Thema Arbeitsintensität systematisch aus. Arbeitsintensität führt demnach zu Beanspruchungen. Allerdings weisen einzelne Studien zum Teil große Unterschiede auf. Die Überblicksarbeit gibt damit Hinweise auf Gestaltungsempfehlungen, welche sowohl bei der Arbeitsorganisation als auch bei den Beschäftigten ansetzen. Diese zielen dabei nicht unmittelbar auf die Arbeitsintensität als solches ab, sondern auf den Aufbau von Ressourcen, welche die negativen Folgen der Arbeitsintensität abschwächen. Hierzu zählen beispielsweise die Ausweitung der Handlungsspielräume und eine Optimierung des Verhaltens im Umgang mit Arbeitsintensität. Diese Gestaltungsempfehlungen basieren zudem auf stresstheoretischen Überlegungen und betonen ferner die Bedeutung von individueller Verhaltensprävention.

Zusammenfassend lässt sich annehmen, dass in modernen Arbeits- und Lebenswelten die Themen Stressprävention und -bewältigung an Bedeutung gewinnen. Bekannte stresstheoretische Ansätze sowie neuere Ansätze und Befunde aus der Psychologie liefern hier einen Beitrag.

Kapitel 2

Theoretische Grundlagen – Stressentstehung, Stressbewältigung und -prävention

Um Stress präventiv zu begegnen, bedarf es einer Vorstellung von den Prozessen der Stressentstehung und Stressbewältigung. Dies setzt wiederum eine begriffliche Verständlichkeit von Stress voraus.

2.1 Stress als unspezifische Anpassungsreaktion

Stress wird als eine Reaktion auf die Umwelt aufgefasst. Nach dem Pionier der Stressforschung, Hans Selye, ist Stress eine unspezifische Reaktion auf jede Art von Anforderung. Er hatte zunächst in Experimenten mit Ratten festgestellt, dass sich unabhängig von den stressauslösenden Ereignissen (z. B. plötzliche Kälte, große Anstrengung, Verletzungen) immer wieder eine ähnliche Anpassungsreaktion bei den Tieren zeigte. Dies nannte er das allgemeine Anpassungssyndrom (Selye, 1936). Anfangs ging Selye noch davon aus, dass die Reaktion vor allem im neuroendokrinen System stattfindet, später stellte er aber fest, dass sehr viele organische Systeme (insbesondere das Herz-Kreislauf-System, die Lunge und die Nieren) an dieser Reaktion beteiligt sind (Szabo, Tache & Somogyi, 2012).

Definition: Stress

Stress ist die unspezifische Reaktion des Organismus auf jede Art von Anforderung (Selye, 1956).

Das „Einfach weniger Stress"-Konzept versteht Stressentstehung als ein Wechselspiel zwischen Person und Umwelt. Der Mensch wird als ein biopsychosoziales Wesen verstanden (vgl. Uexküll & Wesiack, 1996). Stress äußert sich folglich in Veränderungen physiologischer und psychischer Merkmale und hat Einfluss auf das Sozialverhalten. Zudem sind physiologische, psychische und soziale Faktoren bei der Stressentstehung und -aufrechterhaltung von Bedeutung. Stressbewältigung und -prävention umfasst ebenfalls körperliche, psychologische und soziale Komponenten. Das bedeutet, dass es keine bei allen Menschen gleiche *Stressreaktion* gibt. Vielmehr unterscheiden sich die Stressreaktionen zwischen Menschen und auch zwischen Situationen. Stress kann sich auf verschiedenen Ebenen äußern (körperliche, mental-emotionale und Verhaltensebene; siehe Kasten).

Ebenen der Stressreaktion (vgl. Kaluza, 2018)

- *Körperliche Ebene:* Aktivierung des Körpers, z. B. schnellerer Herzschlag, erhöhte Muskelanspannung und schnellere Atmung
- *Mental-emotionale Ebene:* Gefühle der inneren Unruhe, Angst, Grübeln, Tunnelblick
- *Verhaltensebene:* hastiges und ungeduldiges Verhalten, unkoordiniertes Arbeitsverhalten, gereiztes Verhalten gegenüber Mitmenschen

Die beschriebenen Stressreaktionen haben eine Funktion für den Körper. Nach Selye (1956) führt die Stressreaktion zunächst dazu, dass der Körper Alarm schlägt (Alarmphase) und dadurch zusätzliche Kräfte mobilisiert, die den Anforderungen entgegengesetzt werden (Widerstandsphase). Am Ende führt dies allerdings zu einer Erschöpfung, die eine Erholung notwendig macht (Erholungsphase). Probleme ergeben sich vor allem dann, wenn die Stressreaktion lange andauert und Personen immer wieder in der Alarm- und Widerstandsphase sind, jedoch keine Erholungsphasen durchleben. *Stresserleben* geht dann mit unangenehmen Gefühlen wie Angst oder Ärger einher. Dies wird auch als Distress bezeichnet. Stress ist jedoch nicht grundsätzlich negativ: Stress kann auch mit positivem Erleben einhergehen. Wir reagieren beispielsweise euphorisch auf neue Herausforderungen und sind zusätzlich aktiviert, diese Herausforderung anzugehen. Dann ist von Eustress die Rede.

Stressformen

- *Distress:* negativ erlebter Stress, verbunden mit negativen Gefühlen (z. B. Angst oder Ärger)
- *Eustress:* positiv erlebter Stress, verbunden mit positiven Gefühlen (z. B. Begeisterung, Freude)

Wichtig ist, dass Stress erst im Wechselspiel mit unserer Umwelt und den Anforderungen der Umwelt entsteht. Man kann die Stressreaktion (was gemeinhin als Stress bezeichnet wird) von den Auslösern für Stress (Stressoren) unterscheiden. *Stressoren* sind Reize, beispielsweise Situationen oder Ereignisse, die häufig eine Stressreaktion auslösen. Es sind also Reize, die bei einer Person in der Vergangenheit typischerweise zu Stresserleben geführt haben oder bei anderen Menschen oft Stressreaktionen nach sich ziehen.

Definition: Stressoren

Stressoren sind Reize (z. B. Situationen, Ereignisse), die typischerweise eine Stressreaktion auslösen.

Es gibt Situationen, in denen der Körper bewusst Stress ausgesetzt wird. Sportler und Sportlerinnen setzen sich im Training bewusst Belastungen aus, die sie beanspruchen, um dadurch Anpassungsreaktionen zu erzielen. Früh haben sich hier in den Trainingswissenschaften systematische Ansätze entwickelt, um Trainingseffekte zu optimieren. Das Prinzip der *Superkompensation* nutzt etwa die sukzessive Steigerung von Belastungsanreizen in Kombination mit entsprechender Erholung (Jakowlew, 1975). Durch das Wechselspiel von Belastung und Erholung wird kontinuierlich die Leistungsfähigkeit gesteigert. Der Körper wird dabei zunächst bewusst beansprucht. Wichtig ist, dass nach dieser Phase eine ausreichend lange, jedoch nicht zu lange Erholung erfolgt, um eine Leistungssteigerung zu erzielen. Nur dann kommt es zu der sogenannten „Superkompensation“, welche zu einer verbesserten Leistungsfähigkeit führt. Ist die Erholung zu kurz, erfolgt unter Umständen eine unvollständige Kompensation. Ist die Erholungsphase zu lange, bleibt die Leistungsfähigkeit auf dem bisherigen Level und die Potenziale der Trainingseffekte können nicht ausgeschöpft werden.

2.2 Das transaktionale Stressmodell: Wie Stress entsteht

Stressoren führen nicht immer zu einer Stressreaktion. Die Entstehung von *akutem Stress* kann mithilfe des transaktionalen Stressmodells von Lazarus (1991; Lazarus & Folkman, 1987) erklärt werden. Das Modell rückt die Bedeutung von kognitiven Bewertungsprozessen für die Entstehung, Aufrechterhaltung sowie Bewältigung von Stress in den Fokus. Akuter Stress wird auf Grundlage des transaktionalen Stressmodells von Lazarus wie in Abbildung 1 beschrieben. Inwieweit eine Anforderung zu Stress führt, hängt davon ab, wie wir die Situation erleben und bewerten. Dabei gibt es zwei Arten der Bewertung.

Bei der *ersten* – eher unbewussten – *Bewertung* stellt sich die Frage, ob die Situation mit einer Herausforderung, einer Bedrohung oder einem Verlust verknüpft ist. Viele Situationen erleben wir als positiv oder irrelevant. Eine Situation, die wir jedoch als Herausforderung oder Bedrohung wahrnehmen oder in der wir bereits einen Verlust erleben, ist potenziell stressauslösend. Dies geschieht in der Regel automatisch und unbewusst, ohne dass wir darüber nachdenken müssen.

Wenn die Situation als bedrohlich bewertet wird, kommt es zu einer *zweiten* – eher bewussten –*Bewertung*. In dieser stellt man sich die Frage, ob ausreichend Ressourcen zur Verfügung stehen, um diese den Herausforderungen, Bedrohungen oder Verlusten entgegenstellen zu können. Habe ich beispielsweise ausreichend Zeit, die Aufgaben zu erledigen? Kann ich Unterstützung mobilisieren? Kommen wir hier zu dem Schluss, dass Ressourcen fehlen, dann folgt die Stressreaktion und damit das Stresserleben.

Dem Stress kann jedoch durch Stressbewältigungsstrategien begegnet werden. Man spricht auch von *Coping* (engl. für Bewältigung). Im transaktionalen

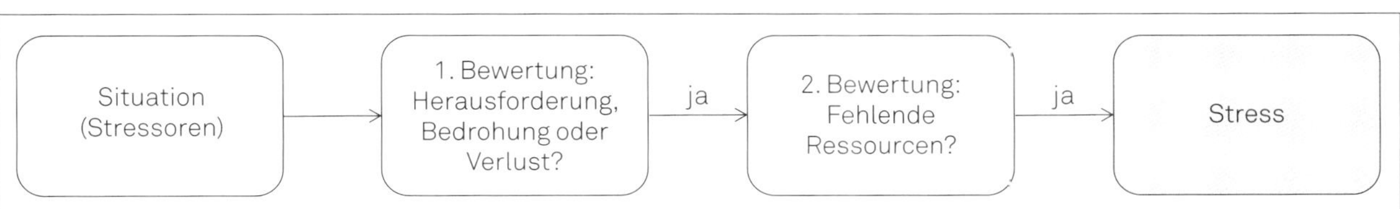

Abbildung 1: Schematische Darstellung des transaktionalen Stressmodells von Lazarus

Stressmodell gibt es zwei Arten des Coping (siehe Kasten).

Coping-Strategien

- *Problemzentrierte Strategien:* Diese Strategien zielen darauf ab, die stressauslösenden Situationen zu verändern, also das Problem zu lösen. Die Strategie ist vor allem für die Stressprävention von Bedeutung. Wir können proaktiv Situationen gestalten oder umgehen, sodass wir weniger Stress erleben.
- *Emotionszentrierte Strategien:* Bei diesen Strategien wird nicht das Problem geändert, sondern in der Form neu bewertet, dass die Situationen als weniger bedrohlich wahrgenommen werden. Die zugrundeliegende Annahme ist, dass vor allem eigene Gedanken eine Situation bedrohlich oder kontrollierbar erleben lassen. Durch eine Neubewertung der Situation kann das Stresserleben daher gesenkt werden.

2.3 Das Job-Demands-Resources-Modell: Anforderungen und Ressourcen im Wechselspiel

Neben Stressoren sind auch *Ressourcen* von entscheidender Bedeutung für die Stressentstehung. Das Job-Demands-Resources-Modell (Bakker & Demerouti, 2017; Demerouti, Bakker, Nachreiner & Schaufeli, 2001) erklärt das Wechselspiel zwischen Stressoren und Ressourcen und wie sich dieses auf Gesundheit und Motivation auswirken kann. Was sind Ressourcen?

Definition: Ressourcen

Ressourcen bilden das Gegengewicht zu Stressoren. Sie helfen, gesetzte Ziele zu erreichen, unterstützen die persönliche Entwicklung und können die Wirkung von Stressoren abmildern (Bakker, 2011; Bakker & Demerouti, 2007).

Das Job-Demands-Resources-Modell wurde ursprünglich entwickelt, um die Entstehung von Burnout zu erklären. Es handelt sich um eine Verallgemeinerung des Job-Demands-Control-Modells (Karasek, 1979), welches annimmt, dass Stress nur dann entsteht, wenn bei hohen Anforderungen den Menschen die *Kontrolle* fehlt. Das Job-Demands-Control-Modell berücksichtigt jedoch nur eine Ressource, die Ressource Kontrolle. Das Job-Demands-Resources-Modell ist diesbezüglich weitgehender. Die ursprüngliche Version des Job-Demands-Resources-Modell aus dem Jahr 2001 (Demerouti et al., 2001) ging zunächst entsprechend von zwei Mechanismen aus:

1. Wenn Menschen langfristig Arbeitsanforderungen ausgesetzt sind, die physische oder psychische Energie benötigen, ohne für Erholung zu sorgen, führt das zur Erschöpfung.
2. Fehlen Ressourcen, verhindert dies das Erreichen der gesetzten Ziele bei der Arbeit, was langfristig zu „Disengagement" (Entkoppeln von der Arbeit), also einer Reduktion des Engagements bei der Arbeit führt.

Später wurde das Modell dann überarbeitet und um einen positiven Pfad erweitert (Schaufeli & Bakker, 2004). In der revidierten Version erklärt das Modell nicht mehr nur noch negative Outcomes wie Stress und Burnout, sondern auch positive Outcomes wie Leistung und Engagement bei der Arbeit. Ferner wurden Ressourcen auch als stressmildernd angenommen.

Aktuelle Konzeptionen (Bakker & Demerouti, 2017) sind komplexer und sehen Wechselwirkungen vor. Demnach kann Stress aus dem Zusammenspiel von Arbeitsanforderungen (d.h. Stressoren) und Ressourcen entstehen, genauso aber auch Wohlbefinden, welches sich zum Beispiel in einem erhöhten Arbeitsengagement ausdrückt. Ressourcen beeinflussen dabei die Beziehung von Anforderungen und Stress. Negative Effekte werden abgemildert. Zudem bestärken sich Ressourcen gegenseitig (Aufwärtsspiralen), während Anforderungen sich bei Stress erhöhen (Abwärtsspiralen). In Abbildung 2 ist die Genese des Job-Demands-Resources-Modell dargestellt.

Das dem „Einfach weniger Stress"-Konzept zugrundeliegende Job-Demands-Resources-Modell hat drei zentrale Annahmen, die für die Praxis von besonderer Relevanz sind.

- In jeder (Arbeits-)Situation gibt es potenzielle Stressoren und Ressourcen.
- Stressoren haben negative Folgen (z. B. Stress oder gesundheitliche Probleme), und Ressourcen haben positive Folgen (z. B. Arbeitsengagement oder Motivation).
- Stressoren und Ressourcen zeigen Wechselwirkungen: Ressourcen können die Wirkung von Stressoren abpuffern.

Kurz gesagt: Stress entsteht im Zusammenspiel von den in der Situation vorhandenen Stressoren und Ressourcen. Dies stellt vermutlich auch die Stärke der Theorie dar: Sie beschränkt sich nicht auf bestimmte Stressoren und Ressourcen, sondern erhebt den Anspruch, für alle Stressoren und Ressourcen gültig zu sein (vgl. für einen Überblick Schaufeli & Taris, 2014).

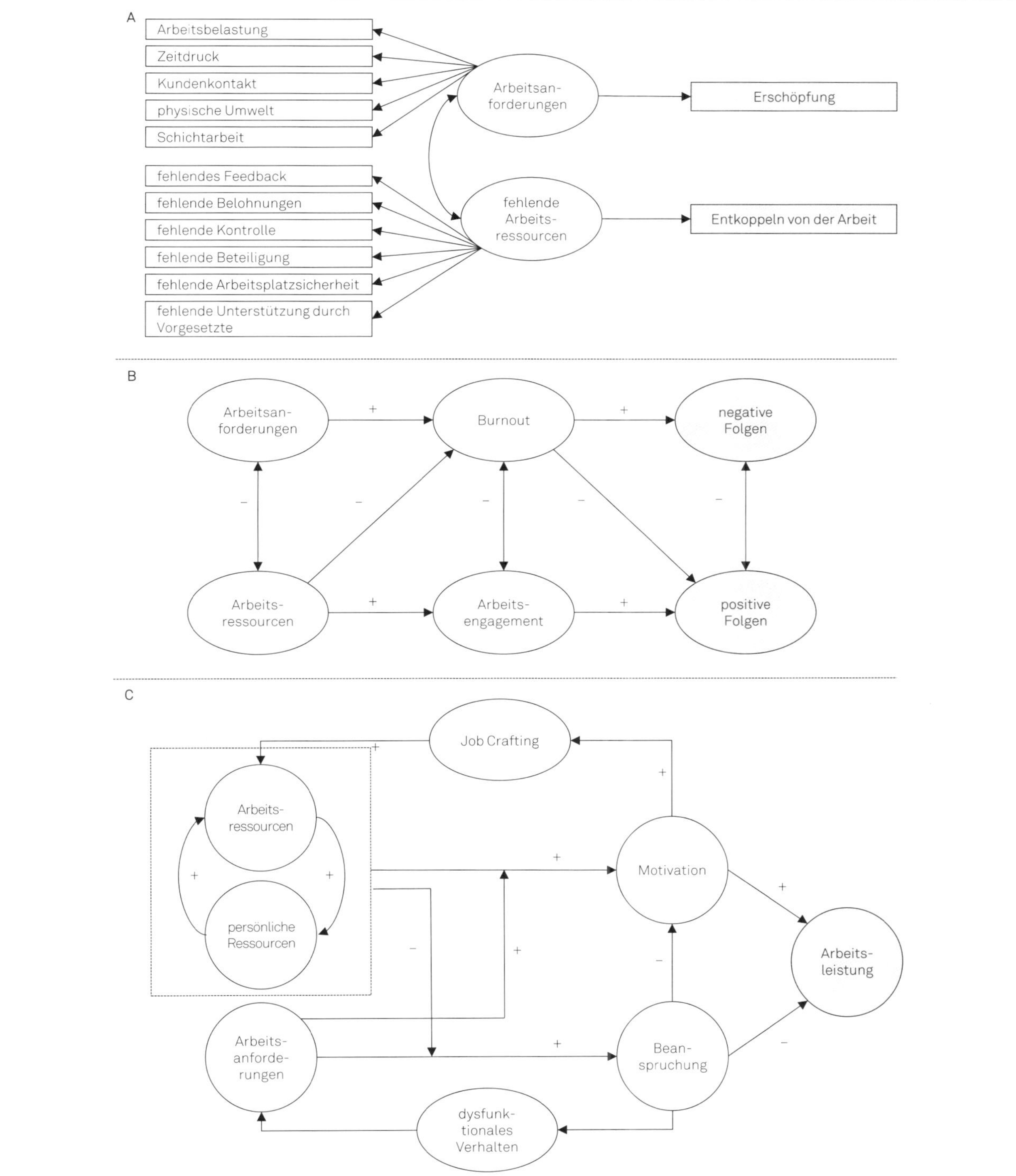

A) Das ursprüngliche Modell von Demerouti et al. (2001), das Arbeitsanforderungen und fehlende Arbeitsressourcen als Prädiktoren von Erschöpfung bzw. Entkoppeln von der Arbeit betrachtet (Darstellung leicht angepasst).

B) Die Erweiterung des Modells von Schaufeli und Bakker (2004): Das Modell nimmt nun Arbeitsanforderungen als Prädiktor für Burnout und vorhandene Ressourcen als Prädiktor für Arbeitsengagement und stressmildernden Puffer gegen Burnout an. Burnout und Arbeitsengagement werden zudem global mit positiven und negativen Folgen in Verbindung gebracht.

C) Die aktuelle Konzeption von Bakker und Demerouti (2017) nimmt komplexe Wechselwirkungen an: Ressourcen puffern die negativen Effekte von Arbeitsanforderungen ab. Zudem gibt es Auf- und Abwärtsspiralen durch Job Crafting (Proaktive Veränderungen von Anforderungen und Ressourcen) bzw. dysfunktionales Verhalten (z.B. Verhalten, das Hürden schafft, wie z.B. vermehrte Fehler, schlechte Kommunikation, unnötige Konflikte).

Abbildung 2: Das Job-Demands-Resources-Modell in verschiedenen Entwicklungsstadien

Tatsächlich handelt es sich eher um ein Rahmenmodell, welches auf verschiedene Kontexte anwendbar ist. Entsprechend den Modell-Annahmen kann man der Entstehung von Stress nun auf verschiedene Weisen begegnen:

1. Man reduziert die Anforderungen.
2. Man sucht nach neuen Ressourcen.
3. Man macht beides.

2.4 Empirische Befunde zu den theoretischen Grundlagen

Das transaktionale Stressmodell von Lazarus (1991; Lazarus & Folkman, 1987) sowie das Job-Demands-Resources-Modell (Bakker & Demerouti, 2017; Demerouti et al., 2001) liefern Annahmen über die Entstehung von Stress bzw. Burnout und Arbeitsengagement (Work Engagement). Doch inwieweit konnten empirische Studien diese Annahmen stützen?

Aus dem *transaktionalen Stressmodell* lassen sich zwei Bewältigungsstrategien für den Umgang mit Stress ableiten: problemzentrierte sowie emotionszentrierte Strategien (Lazarus, 2000; vgl. Abschnitt 2.2). Eine Metaanalyse von Shin et al. (2014), die einzelne empirische Befunde zusammenfasst, kommt zu dem Ergebnis, dass problemzentrierte Coping-Strategien negativ mit Burnout assoziiert sind, während emotionszentrierte Strategien positiv mit Burnout zusammenhängen. Daraus lässt sich die Empfehlung für Kursteilnehmende ableiten, dass sie problemzentrierte Strategien anwenden und die Ursachen für Stresserleben beheben sollten. Interessant ist der Befund zu emotionszentrierten Strategien. Diese wären demnach nicht ohne Weiteres zu empfehlen. Möglichweise bergen emotionszentrierte Strategien die Gefahr, dass die Probleme nicht beseitigt werden oder aber emotionszentrierte Strategien nicht sinnvoll angewendet werden. Doch was sind wirksame Vorgehensweisen bei der *Emotionsregulation*?

Eine Metaanalyse zu Strategien der Emotionsregulation zeigt, dass Perspektivwechsel oder Neubewertungen effektive Strategien sind, während ein Unterdrücken des Gefühlserlebens dysfunktional ist (Webb, Miles & Sheeran, 2012). Das heißt, wenn eine Person sich über die knappe Mail der Führungskraft und die knappe Deadline ärgert, dann kann es hilfreich sein, wenn die Person sich in die Rolle der Führungskraft hineinversetzt. Vielleicht kommt sie zu dem Ergebnis, dass die Führungskraft selbst stark unter Druck steht. Dies kann den Ärger und das mit dem Ärger verbundene Stresserleben in der Situation dann möglicherweise bereits deutlich reduzieren. Der Perspektivwechsel kann auch zu einer Neubewertung führen. Plötzlich wird die Situation nicht mehr als Bedrohung wahrgenommen, sondern als Chance, sein eigenes Wissen einzubringen.

Als Fazit zu den beiden Coping-Strategien, die sich aus dem transaktionalen Stressmodell von Lazarus ableiten lassen, können wir zwei *Handlungsempfehlungen* festhalten: Erstens scheint es besser zu sein, „Wurzelbehandlung" zu betreiben anstatt nur „Symptomlinderung". Zweitens scheint es bei den emotionszentrierten Strategien auch Unterschiede hinsichtlich der Nützlichkeit zu geben. Gerade dort liegt der Nutzen in fundierter psychologischer Expertise.

Wie sieht es mit den Annahmen des *Job-Demands-Resources-Modell* (vgl. Abschnitt 2.3) aus? Metaanalytische Befunde sprechen für zentrale Annahmen des Job-Demands-Resources-Modell (Crawford, LePine & Rich, 2010): Anforderungen stehen in einem positiven Zusammenhang mit Burnout. Ressourcen stehen in einem negativen Zusammenhang mit Burnout sowie in einem positiven Zusammenhang mit dem Arbeitsengagement (Work Engagement). Work Engagement ist ein positiver, erfüllender mentaler Zustand bei der Arbeit, der durch Tatkraft, Aufgehen in der Tätigkeit und Hingabe gekennzeichnet ist (Schaufeli, Bakker, Salanova, 2006).

In ihrer Metaanalyse unterscheiden Crawford et al. (2010) zwischen *hinderlichen* und *herausfordernden Anforderungen* (siehe Abbildung 3). Während sowohl hinderliche als auch herausfordernde Anforderungen positiv mit Burnout zusammenhängen, unterscheiden sich die Beziehungen von hinderlichen Anforderungen und herausfordernden Anforderungen zum Work Engagement. Herausfordernde Anforderungen weisen einen positiven Zusammenhang, hinderliche Anforderungen einen negativen Zusammenhang mit Work Engagement auf.

Einzelstudien verdeutlichen dies. Eine Studie von Bakker und Sanz-Vergel (2013) zeigt beispielsweise, dass Pflegekräfte im Krankenhaus, die emotionale Anforderungen eher als Herausforderung betrachten, im Verlauf des Tages mehr Arbeitsfreude erleben. Außerdem wurden in einer anderen Studie (Prem, Ohly, Kubicek & Korunka, 2017) Wissensarbeiter untersucht, also Personen wie Wissenschaftlerinnen und Wissenschaftler, deren Arbeit vorranging aus der Aneignung, Anwendung oder Vermittlung von Wissen besteht. Hier zeigte sich der angenommene Zusammenhang: Wenn Lernanforderungen und Zeitdruck als Herausforderungen bewertet wurden, war das für das Lernen positiv, wenn Lernanforderungen und Zeitdruck hingegen als Hindernis bewertet wurden, hatte das negative Effekte auf die Vitalität – ein As-

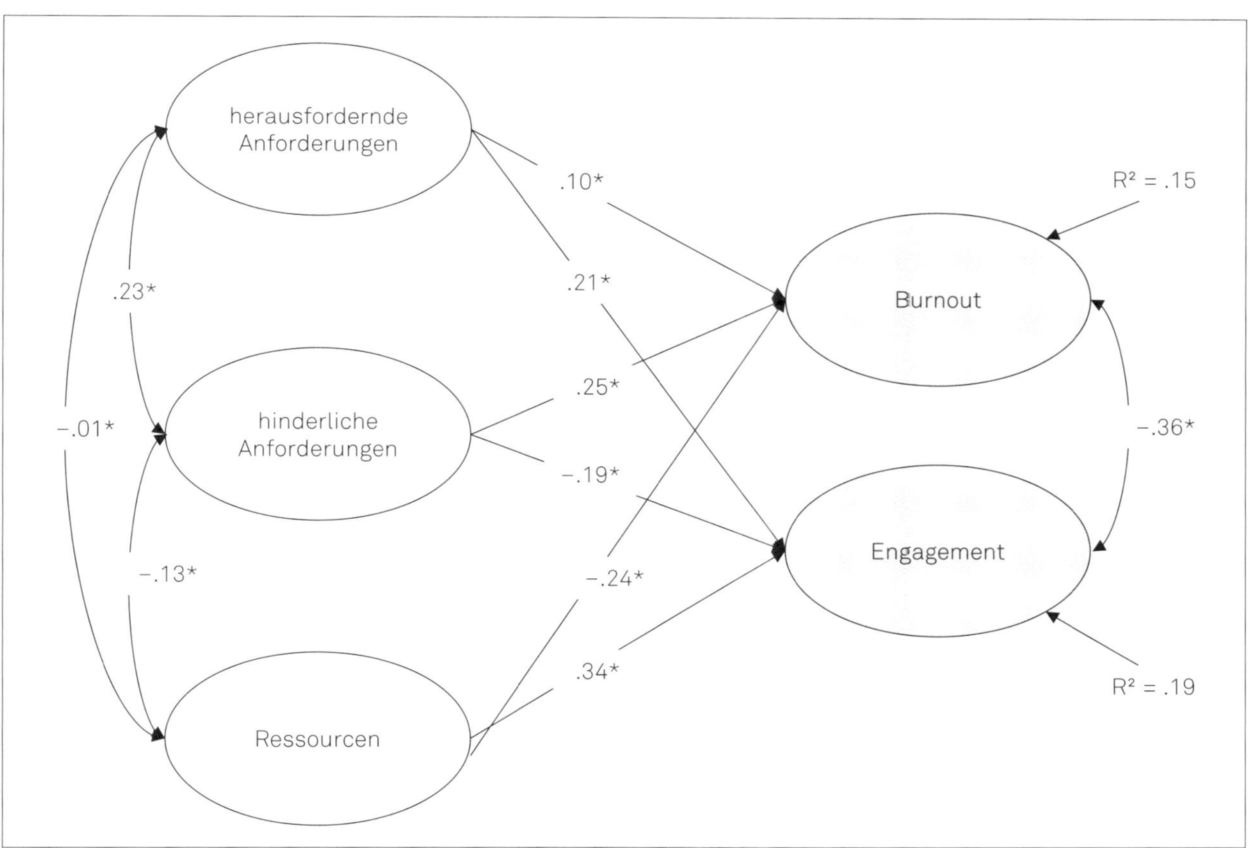

Abbildung 3: Metaanalytisches Pfadmodell nach Crawford et al. (2010). Wechselwirkungen herausfordernder und hinderlicher Anforderungen, von Ressourcen sowie Burnout und Engagement.

pekt des Arbeitsengagements – der Befragten. Unterschiede gibt es nicht nur in Bezug zum Arbeitsengagement. Eine weitere aktuelle Studie mit Beschäftigten in den USA zeigt, dass als Herausforderung wahrgenommene Arbeitsanforderungen unter anderem den Selbstwert der Beschäftigten innerhalb der Organisation vorhersagen, welcher wiederum mit der physischen Gesundheit zusammenhängt (Kim & Beehr, 2018). Für als hinderlich bewertete Arbeitsanforderungen gilt hingegen das Gegenteil.

Herausfordernde Anforderungen haben also im Gegensatz zu hinderlichen Anforderungen positive Effekte. Während die Studie von Kim und Beehr (2018) in der Folge auch positive Zusammenhänge zur Gesundheit aufzeigt, deutet die metaanalytische Befundlage von Crawford et al. (2010) darauf hin, dass herausfordernde Anforderungen zwei Gesichter haben: Auf der einen Seite fördern sie das Work Engagement und sind somit eine Quelle von Arbeitsfreude. Auf der anderen Seite sind auch sie mit Burnout assoziiert. Es besteht also die Gefahr, dass, wenn eine Herausforderung der anderen folgt, dieses auch gesundheitliche Auswirkungen hat. Eindeutig sind hingegen die Empfehlungen zu Ressourcen: Diese sollten ausgebaut werden.

Was könnten Erklärungsgrößen für die positiven Zusammenhänge von herausfordernden Anforderungen mit *Burnout* sein? Eine weitere Metaanalyse zur Erholung von der Arbeit von Bennett, Bakker und Field (2018) zeigt, dass herausfordernde Anforderungen negativ mit Erholungsindikatoren wie mentaler Distanzierung (engl. „psychological detachment") oder Entspannung assoziiert sind. Diese Zusammenhänge sind stärker als bei hinderlichen Anforderungen. Gleichzeitig stehen Job-Ressourcen in einem positiven Zusammenhang mit Erholung. Wie lassen sich die Ergebnisse in der Praxis interpretieren? Wer beispielsweise in seinem Job eine wichtige Präsentation vorbereitet und dies als Herausforderung erlebt, der hat womöglich mehr Schwierigkeiten, am Abend mental abzuschalten und sich zu erholen, als jemand, der tagsüber mit hinderlichen Computerproblemen zu kämpfen hatte.

Die Befunde sprechen einerseits dafür, dass ein Umdeuten von Anforderungen als Herausforderungen förderlich sein kann, weil das Work Engagement gestärkt wird. Anderseits besteht die Gefahr, dass diese Strategie die Erholung beeinträchtigt und auch zu Burnout führt. Gleichzeitig betont auch die Metaanalyse von Bennett et al. (2018) die Relevanz von Job-Ressourcen.

Instrumentelle Ansätze wie das *Job Crafting* (Tims, Bakker, Derks & van Rhenen, 2013; Wrzesniewski & Dutton, 2001) betonen, dass Menschen ihre Anforderungen und Ressourcen aktiv gestalten, also Einfluss darauf nehmen können, was sie als Anforderung und was sie als Ressource betrachten und wie diese im Job ausgeprägt sind. Dies kann auch bewusst als Strategie eingesetzt werden. Eine Metaanalyse von Knight, Patterson und Dawson (2017) zeigt, dass Interventionen erfolgreich sind, die etwa durch den Aufbau von Ressourcen (persönliche Ressourcen oder Job-Ressourcen, also Ressourcen, die bei der Arbeit zur Verfügung stehen) das Work Engagement fördern sollen. Doch ist es auch förderlich, Anforderungen zu reduzieren? Eine aktuelle Metaanalyse von Lichtenthaler und Fischbach (2019) zeigt, dass auf Wachstum ausgerichtete Strategien des Job Craftings *(promotionsfokussierte Strategien)* wie das Aktivieren von Job-Ressourcen, die Suche nach Herausforderungen, die Aufgabenerweiterung sowie kognitives Umstrukturieren förderlich für Gesundheit und Leistung sind, während Strategien, die auf eine Reduktion von herausfordernden Anforderungen und Abgrenzung gegenüber dem Job abzielen *(präventionsfokussierte Strategien)*, sogar positiv mit Burnout assoziiert sind (siehe Abbildung 4).

Was bedeutet dies für die Praxis? Es kommt auf die Art und Weise des Job Craftings an (siehe Kasten auf S. 13)!

Sich darauf zu fokussieren, die Anforderungen zu reduzieren, sich abzugrenzen und sich der Arbeit sowie arbeitsbezogenen Themen und Kontakten fernzuhalten, scheint nicht wirksam zu sein. Im Gegenteil, es besteht die Gefahr, dass dadurch Work Engagement reduziert und Burnout verstärkt wird. Vorteilhaft ist es hingegen, Job-Ressourcen aufzubauen und positive Ziele anzustreben.

In ihrer Metaanalyse fanden Lichtenthaler und Fischbach (2019) bei Betrachtung längsschnittlicher Studien zudem wechselseitige Effekte zwischen Job-Ressourcen und auf Wachstum ausgerichtetem Job Crafting vor. Dies spricht für sogenannte *Wachstumsspiralen,* die in neueren Konzeptualisierungen des Job-Demands-Resources-Modell beschrieben werden (Bakker & Demerouti, 2017; vgl. Abschnitt 2.3). Weitere Bestätigung für die wechselseitige positive Beeinflussung von Arbeitsanforderungen und Wohlbe-

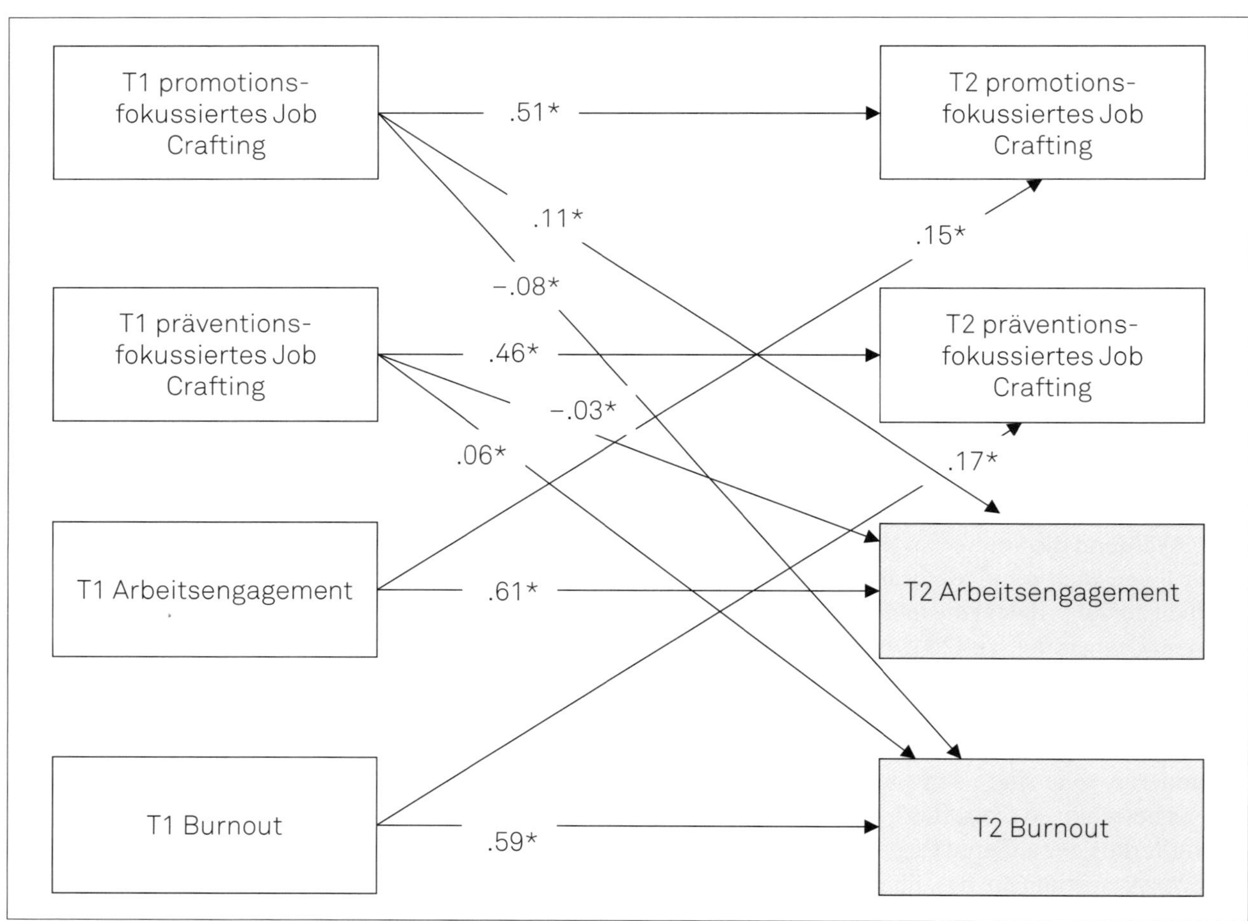

Abbildung 4: Metaanalytisches, längsschnittliches Strukturgleichungsmodell nach Lichtenthaler und Fischbach (2019)

Acht Arten des Job Craftings

Eine hierarchische Struktur des Job Craftings, die in acht Arten des Job Craftings mündet, wurde von Zhang und Parker (2019) vorgeschlagen. Sie unterscheiden aufsuchendes (hin zum Positiven) von vermeidendem Job Crafting (weg vom Negativem). Ferner kann das Job Crafting verhaltensbezogen oder kognitiv durch eine Neubewertung stattfinden sowie entweder Ressourcen oder Anforderungen fokussieren. Die acht Typen sind in Tabelle 1 skizziert.

Tabelle 1: Acht Arten des Job Craftings nach Zhang und Parker (2019)

Art des Job Craftings	Beschreibung	Beispiel
Aufsuchendes verhaltensbezogenes Job Crafting mit Blick auf Ressourcen	Handlungen, um Ressourcen zu erlangen	Max holt sich Unterstützung von Kollegen.
Aufsuchendes verhaltensbezogenes Job Crafting mit Blick auf Anforderungen	Handlungen, um herausfordernde Anforderungen zu erhöhen	Moritz nimmt eine Zusatzaufgabe mit knapper Deadline an.
Aufsuchendes kognitives Job Crafting mit Blick auf Ressourcen	Neubewertung des Jobs, um Ressourcen wahrzunehmen	Max betrachtet seine Aufgaben als Beitrag zur Zukunftsfähigkeit der Gesellschaft.
Aufsuchendes kognitives Job Crafting mit Blick auf Anforderungen	Neubewertung des Jobs, um herausfordernde Anforderungen wahrzunehmen	Moritz betrachtet den kritischen Kollegen als Feedbackgeber.
Vermeidendes verhaltensbezogenes Job Crafting mit Blick auf Ressourcen	Vermeidungsverhalten von Jobs, die keine Ressourcen beinhalten	Max schiebt den Zwischenbericht eines Projektes auf, der ihm keinen Spaß bereitet.
Vermeidendes verhaltensbezogenes Job Crafting mit Blick auf Anforderungen	Handlungen, die darauf ausgerichtet sind, hinderliche Anforderungen zu meiden	Moritz möchte sich nicht mit dem Dienstreiseantrag beschäftigten, bei dem er lästige Formulare durchgehen muss.
Vermeidendes kognitives Job Crafting mit Blick auf Ressourcen	Neubewertung des Jobs, um das Fehlen von Job-Ressourcen zu überblenden	Max betrachtet das Ausfüllen von Formularen als gar nicht so langweilig.
Vermeidendes kognitives Job Crafting mit Blick auf Anforderungen	Neubewertung des Jobs, um Anforderungen zu reduzieren	Moritz bewertet die Kundenkritik als nicht so schlimm.

finden findet sich in einer Metaanalyse, die 74 längsschnittliche Studien berücksichtigt (Lesener, Gusy & Wolter, 2019).

Im Übrigen stehen diese Erkenntnisse auch im Einklang mit theoretischen Modellen zur Rolle von positiven Gefühlen. Nach der *Broaden-and-build-Theorie positiver Emotionen* steigern positive Gefühle nicht nur kurzfristig das Wohlbefinden, sondern helfen auch langfristig, weitere physische, psychische und soziale Ressourcen zu erschließen, was wiederum im Sinne einer Aufwärtsspirale die Entstehung positiver Gefühle begünstigt (Fredrickson, 1998, 2001, 2003, 2004). Wem es also gelingt, Ressourcen zu erschließen, der hat mehr (Arbeits-)Freude, agiert flexibler und erschließt sich neue Ressourcen (z. B. indem sie/er andere Personen spontan anspricht und von ihnen einen Tipp bekommt).

In Tabelle 2 sind die Metaanalysen, ihr Fokus sowie zentrale Ergebnisse, die hier von Relevanz sind, noch einmal zusammenfassend dargestellt.

Tabelle 2: Überblick relevanter metaanalytischer Befunde als Basis des „Einfach weniger Stress"-Konzeptes

Autoren	Fokus der Metaanalyse	Zentrale Ergebnisse
Shin et al. (2014)	Coping-Strategien und Zusammenhänge mit relevanten Outcomes	• Problemzentrierte Coping-Strategien sind negativ mit Burnout assoziiert. • Emotionszentrierte Strategien weisen positive Zusammenhänge mit Burnout auf.
Webb et al. (2012)	Emotionsregulationsstrategien	• Perspektivübernahme sowie eine Neubewertung sind funktional, das Unterdrücken des Emotionserlebens oder das Konzentrieren auf negative Emotionen sind hingegen dysfunktional.
Crawford et al. (2010)	Zusammenhänge zwischen hinderlichen Anforderungen, herausfordernden Anforderungen, Job-Ressourcen und Burnout bzw. Work Engagement	• Hinderliche Anforderungen sind positiv mit Burnout und negativ mit Work Engagement assoziiert. • Herausfordernde Anforderungen sind positiv mit Burnout und positiv mit Work Engagement assoziiert. • Job-Ressourcen sind negativ mit Burnout und positiv mit Work Engagement assoziiert.
Bennett et al. (2018)	Zusammenhänge zwischen hinderlichen Anforderungen, herausfordernden Anforderungen sowie Job-Ressourcen und Erholung	• Anforderungen sind negativ mit Erholung assoziiert. Dieser negative Zusammenhang ist stärker für herausfordernde Anforderungen als für hinderliche Anforderungen. • Job-Ressourcen sind positiv mit Erholung assoziiert.
Knight et al. (2017)	Job-Crafting-Strategien zum Aufbau von Job-Ressourcen	• Job-Crafting-Strategien, die auf den Ressourcenaufbau abzielen, sind hilfreich, um Work Engagement zu erhöhen.
Lichtenthaler & Fischbach (2019)	Zusammenhänge von zwei Kategorien des Job Craftings (präventionsfokussierte vs. promotionsfokussierte Strategien) mit Burnout und Work Engagement	• Promotionsfokussierte Strategien des Job Craftings, die auf Wachstum ausgerichtet sind, sind positiv mit Work Engagement und negativ mit Burnout assoziiert. • Präventionsstrategien des Job Craftings, die auf Reduktion von Anforderungen ausgerichtet sind, sind negativ mit Work Engagement und positiv mit Burnout assoziiert. • Job-Ressourcen fördern promotionsfokussierte Strategien des Job Craftings.
Lesener et al. (2019)	Metaanalytische Überprüfung von Annahmen des Job-Demands-Resources-Modells anhand von längsschnittlichen Studien	• Zentrale Annahmen des Job-Demands-Resources-Modells werden bestätigt: Anforderungen führen zu vermehrtem Burnout-Erleben zu einem späteren Messzeitpunkt, während Job-Ressourcen Burnout reduzieren. • Job-Ressourcen erhöhen außerdem das Arbeitsengagement zu einem späteren Messzeitpunkt. • Ebenso findet man den umgekehrten Effekt: Burnout erhöht die (wahrgenommenen) Anforderungen zu einem späteren Zeitpunkt und reduziert die (wahrgenommenen) Ressourcen, während Arbeitsengagement zu mehr (wahrgenommenen) Job-Ressourcen führt.

Kapitel 3
Stressmanagementtrainings im Vergleich

Es existieren bereits einige Trainingsprogramme zum Thema Stress und Stressprävention auf dem Markt, die unterschiedliche Zielgruppen adressieren und sich im Umfang unterscheiden (siehe Tabelle 3). Es folgt eine kurze Vorstellung der ausgewählten Trainings, die in erster Linie als Präsenzformate konzipiert sind (zur Stressprävention mit digitaler Unterstützung siehe Abschnitt 8.2). Abschließend werden die Unterschiede zu dem im Kapitel 6 ausführlich erläuterten „Einfach weniger Stress"-Kurskonzept herausgestellt.

3.1 Stressbewältigung (Gelassen und sicher im Stress)

Das Gesundheitsförderungsprogramm „Gelassen und sicher im Stress" wurde erstmals in den 1980er Jahren im Auftrag der Bundeszentrale für gesundheitliche Aufklärung vorgestellt. 2004 wurde das Trainingsmanual für Kursleiter unter dem Titel „Stressbewältigung" neu herausgebracht und ist inzwischen in der vierten Auflage erschienen (Kaluza, 2018). Den Titel „Gelassen und sicher im Stress" trägt heute ein Ratgeber desselben Autors. Das Trainingsprogramm wurde von Gert Kaluza entwickelt und ist als Gruppentraining konzipiert, welches in 12 Sitzungen mit je 120 Minuten unterteilt wird, die in der Regel wöchentlich abends stattfinden. Der Kurs richtet sich allgemein an gestresste Menschen und hat keine spezielle Zielgruppe.

Die erste Sitzung ist für den Einstieg in das Programm sowie das Kennenlernen der Teilnehmenden angesetzt. Bis zum Kursende wiederholen sich die folgenden vier Module in den Sitzungen: Entspannungs-, Mental-, Problemlöse- und Genusstraining. Neben praktischen Übungen werden zur Zielerreichung auch theoretische Hintergründe (z.B. zu den gesundheitlichen Folgen der Stressreaktion sowie der Progressiven Muskelrelaxation) behandelt. Das Trainings-

Tabelle 3: Übersicht verschiedener Stressmanagementtrainings

Trainingsprogramm	Autoren	Zielgruppe	Umfang
Stressbewältigung (Gelassen und sicher im Stress)	Kaluza (2018)	Keine spezifische	12 Sitzungen à 120 Minuten; wöchentlicher Rhythmus
Optimistisch den Stress meistern	Reschke & Schröder (2000)	Keine spezifische	10 Sitzungen à 60 Minuten
Gesund führen – sich und andere	Matyssek (2011)	Führungskräfte	Unterschiedliche Varianten, teils webbasiert
Stressbewältigungstraining für Erwachsene mit ADHS	Greiner, Langer & Schütz (2012)	Erwachsene mit ADHS	4 Einheiten à 3 Stunden (eine Aufteilung auf mind. 8 Termine wird empfohlen)
Stressmanagement für Teams in Service, Gewerbe und Produktion	Busch, Roscher, Ducki, Kalytta & Liedtke (2015)	Arbeitsgruppen (1. Beschäftigte und 2. Führungskräfte)	4 Einheiten à 3 Stunden für geringqualifizierte Beschäftigte und 2 Einheiten à 3 Stunden für Führungskräfte

konzept betont die Individualität der Kursteilnehmenden, weshalb noch fünf thematisch unterschiedlich ausgerichtete Ergänzungsmodule vorgeschlagen werden (z.B. Stressbewältigung durch Sport, Soziales Netz). Der Kurs endet mit einer „Ausstiegs- und Transfer“-Einheit. Mit der Entwicklung eines „persönlichen Gesundheitsprojektes“ sollen die erlernten Kursinhalte auch zukünftig Anwendung finden.

3.2 Optimistisch den Stress meistern

Das Programm „Optimistisch den Stress meistern“ stammt von Reschke und Schröder und wurde im Jahr 2000 als Kursleiterhandbuch veröffentlicht. Es richtet sich an Personen zwischen 16 und 65 Jahren. Das Programm ist als Gruppentraining angelegt und umfasst 10 Einheiten zu je 60 Minuten. Neben dem umfangreichen Kurs kann das Konzept laut Autoren (Reschke & Schröder, 2000) auch komprimiert in Kleingruppen und Einzelcoachings angewendet werden. Zusätzlich zu einem ressourcenorientierten Ansatz ist dieses Programm durch die Themen „Identität“ und „Emotionsregulation der Stressbewältigung“ geprägt.

3.3 Gesund führen – sich und andere

Bei dem Programm „Gesund führen – sich und andere “ von Matyssek (2011, 2018) handelt es sich um einen Trainerleitfaden zur psychosozialen Gesundheitsförderung im Betrieb. Dieses Programm richtet sich an Führungskräfte verschiedenster Branchen und behandelt allgemein das Thema Gesundheit. Das Handbuch enthält Informationen zur Vorbereitung und Vermarktung der Workshops, der Themengestaltung (z.B. Dimensionen gesunder Führung: Belastungsabbau – Ressourcenaufbau) und Transfersicherung sowie der Nachbereitung. Zusätzlich können Präsentationsfolien aus dem Internet genutzt werden.

3.4 Stressbewältigungstraining für Erwachsene mit ADHS

Das Trainingsmanual „Stressbewältigungstraining für Erwachsene mit ADHS“ wurde von Greiner et al. (2012) entwickelt und richtet sich speziell an Erwachsene mit einer Aufmerksamkeitsdefizit-Hyperaktivitätsstörung (ADHS). Aufgrund der Zielgruppenausrichtung werden nicht nur ressourcenorientierte Stressmanagementstrategien vorgestellt, sondern auch ADHS-spezielle Problembereiche wie Selbstwertprobleme und ungünstige Denkmuster behandelt. Das Manual gliedert sich in drei Abschnitte. Im theoretischen Teil werden Grundlagen zu „ADHS im Erwachsenenalter“ und von der Stressentstehung bis zur Stressbewältigung vorgestellt. Mit der Konzeption und Wirksamkeit des Trainings befasst sich der zweite Teil. Die vier Trainingsmodule „Einführung und theoretische Grundlagen“, „Zeitmanagement und Problemlösen“, „Kognitives und emotionales Stressmanagement“ und „Erholungs- und Regenerationstechniken“ bilden den dritten Teil, wobei neben den Zielen und dem theoretischen Hintergrund auch das praktische Vorgehen vermittelt wird. Der Kurs für Gruppen von 8 bis 10 Personen gliedert sich in vier Einheiten zu je 180 Minuten. Eine Ausdehnung der wöchentlich stattfindenden Einheiten auf mindestens acht Sitzungen wird empfohlen.

3.5 Stressmanagement für Teams in Service, Gewerbe und Produktion

Das Trainingsmanual „Stressmanagement für Teams in Service, Gewerbe und Produktion“ wurde von Busch und Kollegen (2015) als Maßnahme im betrieblichen Gesundheitsmanagement für die Branchen Service, Gewerbe und Produktion konzipiert. Das Angebot besteht aus einem Teamtraining für geringqualifizierte Beschäftigte und dem Führungskräftetraining „WWW: WunderWaffeWertschätzung“. Das Teamtraining umfasst vier Module zu je 180 Minuten, wobei die Module 1) „Bewegung“ und 4) „Work-Life-Balance“ als individuelle Stressbewältigungsmaßnahmen gelten, während die Module 2) „Soziale Unterstützung“ und 3) „Problemlösen im Team“ zu gemeinsamer Stressbewältigung zählen. Vor Beginn des Teamtrainings und nach der dritten Sitzung werden die Führungskräfte in (zwei) extra organisierten Sitzungen zu je 180 Minuten über den Ablauf des Teamtrainings informiert. Der Einfluss der Vorgesetzten auf die Stresssituationen der Angestellten sowie die Bedeutung von Wertschätzung und Anerkennung werden kommuniziert. Das Buch geht neben Hinweisen zur Trainingsdurchführung und notwendigen Materialien auch auf theoretische Hintergründe ein.

3.6 Merkmale des „Einfach weniger Stress"-Konzeptes im Vergleich zu bestehenden Trainingsprogrammen

Das „Einfach weniger Stress"-Konzept wurde als Antwort auf die Anforderungen der Arbeitswelt 4.0 (siehe Kapitel 1) entwickelt. Dabei spielten unterschiedliche Überlegungen eine Rolle. Mit dem Konzept wollten die Autoren ein Angebot schaffen, das zu den neuen Lebenswirklichkeiten möglichst vieler Menschen passt und gleichzeitig aktuellste Erkenntnisse aus der Arbeitspsychologie sowie der Motivationspsychologie integriert.

Zum einen zeigte die Erfahrung der Autoren, dass Menschen wenig Zeit für Angebote wie Stresspräventionskurse aufbringen können oder wollen und oft nach schnellen Lösungen suchen. Aus diesem Grund ist aus dem „Einfach weniger Stress"-Konzept auch ein *Kompaktkurs* entwickelt und zertifiziert worden (siehe Kapitel 5). Im Gegensatz zu den Trainingsprogrammen von Kaluza (2018) mit 12 Sitzungen sowie Reschke und Schröder (2000) mit 10 Sitzungen bekommen die Teilnehmenden daher die Inhalte kompakt an zwei aufeinanderfolgenden Tagen vermittelt. Um den Transfer zu fördern, werden in den Phasen „Umsetzung planen" und „Gelassen handeln" Kompetenzen vermittelt, um das Gelernte nach diesem Kompaktkurs im Alltag tatsächlich anzuwenden.

Zum anderen hat es in den vergangenen Jahren umfangreiche *Forschung* zum Thema Gesundheit im Allgemeinen und Stress im Speziellen in Bezug auf zunehmende Arbeitsanforderungen sowie viele theoretische Weiterentwicklungen gegeben, die interessante Ansatzpunkte für das Stressmanagement bieten (vgl. Bakker & Demerouti, 2017; Bennett et al., 2018; Crawford et al., 2010; Lichtenthaler & Fischbach, 2019; siehe Kapitel 2). Diese neuen Erkenntnisse wurden aus Sicht der Autoren in bestehenden Programmen noch nicht ausreichend berücksichtigt. Kombiniert mit aktuellen motivationspsychologischen Ansätzen (z.B. WOOP; Oettingen, 2015) greift das „Einfach weniger Stress"-Konzept diese Erkenntnisse und theoretischen Modelle auf und integriert sie umfassend.

Der zugrundeliegende Ansatz ist zudem ressourcenorientiert, setzt also nicht allein bei der Bewältigung der Stressoren, sondern gezielt auch beim Auf- und Ausbau der individuellen *Ressourcen* an. Dementsprechend werden neben Stressbewältigungskompetenzen genauso Gelassenheitskompetenzen gefördert, die auf ein breites Spektrum von Ressourcen aufbauen, von denen Entspannung nur ein Teil ist.

Hinsichtlich der *Zielgruppe* ist das „Einfach weniger Stress"-Konzept bewusst breit angelegt und adressiert im Prinzip alle Menschen mit Stresserleben. Es ist nicht wie das Programm von Matyssek (2011) auf Führungskräfte zugeschnitten oder wurde wie das Trainingsmanual von Busch und Kollegen (2015) für bestimmte Branchen entwickelt. Die Übungen sind vielmehr so konzipiert, dass sie zu möglichst unterschiedlichen individuellen Stressthemen und Kontexten passen. Gleichzeitig sind die Inhalte der Phasen durch leichte Modifikationen beispielsweise in den Anmoderationen auf spezielle Zielgruppen wie Führungskräfte anpassbar (siehe Abschnitt 8.1.1). Bezüglich einer Altersbegrenzung nach unten bestehen bisher nur wenige Erfahrungswerte: An einigen Kursen nahmen Schülerinnen und Schüler ab 16 Jahren sowie Studierende teil, die von den Kursinhalten ebenso profitieren konnten wie bereits im Beruf stehende Teilnehmende. Das liegt möglicherweise auch daran, dass die Elemente im „Einfach weniger Stress"-Konzept so gestaltet sind, dass sie die Vermittlung der Inhalte auch gegenüber Kindern und Jugendlichen erleichtern. Da jede Phase im Prozess sowie die zentralen Stellschrauben (Stressoren und Ressourcen) symbolhaft dargestellt sind, ist der Prozess für Kinder und Jugendliche leicht verständlich.

Um verständlich in das „Einfach weniger Stress"-Konzept und die fünf Schritte zu mehr Gelassenheit einzuführen, kann das *Video* unter https://youtu.be/PL5Zsy5_rKk, das auch von der beiliegenden CD-ROM abgerufen werden kann, genutzt werden. Mithilfe des Stress-Monsters (siehe Abbildung 5) kann anschaulich das Phänomen Stress erläutert werden (z.B. dass Stress ein ständiger Begleiter und nichts Schlimmes ist; dass Stress nur, wenn er zu groß wird, zum Problem werden kann).

Abbildung 5: Stresslevel symbolisiert durch das Stress-Monster (© Dorena Diekamp)

Zuletzt ist eine Besonderheit des „Einfach weniger Stress"-Konzeptes der *modulare Aufbau* in fünf Phasen (und nicht in Stunden, wie z.B. im Programm von Kaluza, 2018 oder Reschke & Schröder, 2000), womit verschiedene Vorteile verbunden sind: Erstens sind die fünf Phasen in der vorgestellten Reihenfolge aus Sicht der Autoren sinnvoll angeordnet, lassen aber auch Abwandlungen zu. Beispielsweise ist denkbar, dass die Phase „Ressourcen wecken" vor der Phase „Stressoren erkennen" durchgeführt wird, um die Ressourcenorientierung noch stärker in den Vordergrund zu stellen. Zweitens können die Umfänge der einzelnen Phasen durch zusätzliche Übungen leicht verändert werden. Durch die in Abschnitt 6.1 klar formulierten Ziele der fünf Phasen können Trainerinnen und Trainer ihre professionelle Handlungskompetenz nutzen, um das Konzept auf konkrete Bedarfe anzupassen. Drittens wurde das „Einfach weniger Stress"-Konzept ursprünglich als Kurskonzept für Gruppen von 5 bis 12 Teilnehmerinnen und Teilnehmern entwickelt. In der Anwendung stellte sich aber schnell heraus, dass die fünf Phasen ebenfalls sehr gut für Einzelsettings, etwa in strukturierten Coachings zu Stress-Anliegen, geeignet sind (siehe Kapitel 7). Außerdem wurde mit der Stresscue-App ein digitales Angebot auf Basis des „Einfach weniger Stress"-Konzeptes entwickelt (siehe Abschnitt 8.2). Auch für die Beratung von Unternehmen zum Thema betriebliche Stressprävention können die fünf Phasen hilfreich sein (siehe dazu Abschnitt 8.3).

So stellt das „Einfach weniger Stress"-Konzept eine inhaltliche Basis und Struktur für verschiedene Formate dar und ist offen für Weiterentwicklungen. Auch hier freuen sich die Autoren auf Impulse von Anwendenden und neue Anwendungsmöglichkeiten.

Kapitel 4
Wirksamkeit der „Einfach weniger Stress"-Kurse

Das „Einfach weniger Stress"-Trainingsprogramm basiert auf theoretischen Modellen, für die es metaanalytische empirische Evidenz gibt (siehe ausführlich in Abschnitt 2.4). Einzelne Übungen greifen ebenfalls auf empirisch überprüfte Interventionstechniken zurück. Eine entscheidende Frage ist jedoch, ob das Training auch zu Veränderungen im Erleben und Verhalten der Teilnehmenden führt, die „Einfach weniger Stress"-Kurse also wirksam gegen Stress sind.

Zu diesem Zweck wurde eine Pilotstudie mit 106 Teilnehmenden durchgeführt (vgl. Kortsch, Paulsen & Fabian, 2019a,b). Die Teilnehmenden waren im Mittel 30.7 Jahre alt (SD=11.5) und überwiegend weiblich (81%). Die meisten Teilnehmenden studierten (49.5%) oder arbeiteten in einem Angestelltenverhältnis (37.1%). Von den Teilnehmenden lebten 43.8% zusammen mit ihren Partnerinnen oder Partnern und 17.2% hatten Kinder.

Gruppe 1 (N=25) nahm an einem eineinhalbtägigen „Einfach weniger Stress"-Kurs unter Leitung der Autoren dieses Manuals teil und konnte begleitend eine Woche lange eine App (die Stresscue-App, siehe Abschnitt 8.2) nutzen, die ein Monitoring von Stresserleben, Ressourcen und Stressoren ermöglichte. Gruppe 2 (N=27) nutzte eine Woche lang ausschließlich die App. Gruppe 3 (N=27) absolvierte den „Einfach weniger Stress"-Kurs anhand der Kursunterlagen als Selbstlernkurs. Gruppe 4 (N=27) war als Wartekontrollgruppe angelegt und nutzte erst im späteren Verlauf die App. In allen Gruppen fand jeweils eine Prä-Messung vor der Intervention und eine Post-Messung nach der Intervention im Abstand von sieben bis neun Tagen statt. Die Teilnehmenden aus Gruppe 1 nahmen zudem an einer Follow-up-Messung fünf Wochen nach dem „Einfach weniger Stress"-Kurs teil.

Die zentralen Annahmen lauteten:

1. Die Teilnahme an dem „Einfach weniger Stress"-Kurs sollte das subjektive Stresslevel, kognitive und emotionale Irritation senken, das Wissen über eigene Stressoren und über eigene Ressourcen steigern. Der Einsatz positiver Stressverarbeitungsstrategien sollte zunehmen, der Einsatz negativer Stressverarbeitungsstrategien sollte abnehmen.
2. Die Effekte sollten sich sowohl kurzfristig (Prä-Post-Vergleich) als auch langfristig (Prä-Follow-up-Vergleich) zeigen.
3. Die Teilnahme an einem „Einfach weniger Stress"-Kurs sollte wirksamer sein als die alternativen Interventionen (a: nur Nutzung der App, b: Selbstlernkurs, c: Kontrollgruppe ohne Intervention).

Die Befragung vor und nach der Intervention erfolgte mit den in Tabelle 4 dargestellten Instrumenten, die alle gute Reliabilitäten aufwiesen. Überwiegend wurden etablierte Skalen verwendet, einige Skalen wurde eigens für die Evaluation entwickelt (z. B. Skalen zur Erfassung von Wissen über Ressourcen und Stressoren).

4.1 Prä-Post-Vergleiche: Wirksamkeit des Kurses

Einzelvergleiche in Gruppe 1 (Teilnehmende an einem „Einfach weniger Stress"-Kurs) auf Basis von t-Tests ergaben, dass das Stresslevel im Prä-Post-Vergleich signifikant sank, die dysfunktionalen Stressverarbeitungsstrategien Flucht und Resignation nahmen ebenso signifikant ab. Das Wissen über Stressoren und das Wissen über Ressourcen nahm signifikant zu. Die Effektstärken sind hierfür sogar teilweise als groß einzuordnen (vgl. Cohen, 1988). Keine Veränderungen gab es im Prä-Post-Vergleich hinsichtlich der kognitiven und emotionalen Irritation sowie der funktionalen Stressverarbeitungsstrategien Situationskontrolle und Selbstinstruktion.

Um die Gültigkeit der Ergebnisse abzusichern, wurden Vergleiche mit der Kontrollgruppe (Gruppe 4)

Tabelle 4: Übersicht der verwendeten Skalen

Skala (Quelle)	Items und Antwortformat	Cronbachs Alpha
Subjektives Stresslevel (Eigenkonstruktion)	1 Item: „Wie gestresst bis du gerade?“ 10-stufige Antwortskala von 1 = „sehr entspannt“ bis 10 = „völlig gestresst“	*
Kognitive Irritation (Mohr, Rigotti & Müller, 2005)	3 Items, z.B. „Es fällt mir schwer, nach der Arbeit abzuschalten.“ 7-stufige Antwortskala von 1 = „trifft überhaupt nicht zu“ bis 7 = „trifft fast völlig zu“	.76
Emotionale Irritation (Mohr et al., 2005)	5 Items, z.B. „Ich bin schnell verärgert.“ 7-stufige Antwortskala von 1= „trifft überhaupt nicht zu“ bis 7 = „trifft fast völlig zu“	.86
Wissen über Stressoren (Eigenkonstruktion)	3 Items, z.B. „Ich weiß, welche Faktoren und Ereignisse in meinem Alltag Stress auslösen.“ 5-stufige Antwortskala von 1 = „trifft überhaupt nicht zu“ bis 5 = „trifft voll und ganz zu“	.75
Wissen über Ressourcen (Eigenkonstruktion)	3 Items, z.B. „Ich weiß, was mir im Alltag hilft, um besser mit meinem Stress umzugehen.“ 5-stufige Antwortskala von 1 = „trifft überhaupt nicht zu“ bis 5 = „trifft voll und ganz zu“	.89
Stressverarbeitung Situationskontrolle (Erdmann & Janke, 2008)	6 Items, z.B. „Wenn ich durch irgendetwas oder irgendjemanden beeinträchtigt, innerlich erregt oder aus dem Gleichgewicht gebracht worden bin, mache ich einen Plan, wie ich die Schwierigkeiten aus dem Weg räumen kann.“ 5-stufige Antwortskala von 1 = „gar nicht“ bis 5 = „sehr wahrscheinlich“	.80
Stressverarbeitung Positive Selbstinstruktion (Erdmann & Janke, 2008)	6 Items, z.B. „Wenn ich durch irgendetwas oder irgendjemanden beeinträchtigt, innerlich erregt oder aus dem Gleichgewicht gebracht worden bin, sage ich mir, dass ich das durchstehen werde.“ 5-stufige Antwortskala von 1 = „gar nicht“ bis 5 = „sehr wahrscheinlich“	.85
Stressverarbeitung Flucht (Erdmann & Janke, 2008)	6 Items, z.B. „Wenn ich durch irgendetwas oder irgendjemanden beeinträchtigt, innerlich erregt oder aus dem Gleichgewicht gebracht worden bin, denke ich, möglichst weg von hier.“ 5-stufige Antwortskala von 1 = „gar nicht“ bis 5 = „sehr wahrscheinlich“	.92
Stressverarbeitung Resignation (Erdmann & Janke, 2008)	6 Items, z.B. „Wenn ich durch irgendetwas oder irgendjemanden beeinträchtigt, innerlich erregt oder aus dem Gleichgewicht gebracht worden bin, neige ich dazu, alles sinnlos zu finden.“ 5-stufige Antwortskala von 1 = „gar nicht“ bis 5 = „sehr wahrscheinlich“	.91

Anmerkungen: *Da es sich um ein One-Item-Measurement handelt, kann Cronbachs Alpha nicht berechnet werden.

vorgenommen. Hierzu wurden zweifaktorielle Varianzanalysen mit dem Messwiederholungsfaktor Zeit (Prä vs. Post) und dem Zwischensubjektfaktor Bedingung (Experimentalgruppe vs. Kontrollgruppe) gerechnet. Für die Variablen subjektives Stresslevel, Wissen über Stressoren und Ressourcen und die Stressverarbeitungsstrategie Flucht wurden signifikante Interaktionseffekte gefunden, die die Relevanz der gefundenen Effekte zusätzlich stützen. Die detaillierten Ergebnisse sind auch in Tabelle 5 zu finden.

Tabelle 5: Annahmen zu den Effekten und Ergebnisse der Gruppenvergleiche

		Vergleich		
Kriterium	**Erwartung**	**Prä-Post**[1]	**Prä-Follow-up**[2]	**Mit Kontrollgruppe**[3]
Subjektives Stresslevel	▼	$t = 3.61^{**}$ ✓ ($d = .74$)	$t = 2.82^{*}$ ✓ ($d = 0.75$)	$F = 5.80^{*}$ ✓
Kognitive Irritation	▼	$t = 1.88$ ✗ ($d = 0.38$)	$t = 4.03^{**}$ ✓ ($d = 1.08$)	$F = 2.10$ ✗
Emotionale Irritation	▼	$t = 1.32$ ✗ ($d = 0.27$)	$t = 3.23^{**}$ ✓ ($d = 0.86$)	$F = 0.01$ ✗
Wissen über Stressoren	▲	$t = -6.74^{***}$ ✓ ($d = 1.38$)	$t = -6.28^{***}$ ✓ ($d = 1.68$)	$F = 27.49^{***}$ ✓
Wissen über Ressourcen	▲	$t = -5.47^{***}$ ✓ ($d = 1.12$)	$t = -6.72^{***}$ ✓ ($d = 1.80$)	$F = 25.26^{***}$ ✓
Stressverarbeitung Situationskontrolle	▲	$t = -1.00$ ✗ ($d = 0.20$)	$t = -0.98$ ✗ ($d = 0.26$)	$F = 0.07$ ✗
Stressverarbeitung Positive Selbstinstruktion	▲	$t = 0.64$ ✗ ($d = 0.13$)	$t = -0.14$ ✗ ($d = 0.04$)	$F = 0.57$ ✗
Stressverarbeitung Flucht	▼	$t = 4.16^{***}$ ✓ ($d = 0.85$)	$t = 2.75^{*}$ ✓ ($d = .73$)	$F = 11.22^{**}$ ✓
Stressverarbeitung Resignation	▼	$t = 2.37^{*}$ ✓ ($d = 0.48$)	$t = 2.46^{*}$ ✓ ($d = 0.66$)	$F = 3.05$ ✗

Anmerkungen: ▼ bedeutet, es wird erwartet, dass durch die Teilnahme am Kurs die Werte im Kriterium sinken, ▲ bedeutet, es wird erwartet, dass durch die Teilnahme am Kurs die Werte im Kriterium zunehmen. ✓ weist auf ein erwartungsgemäßes Ergebnis hin, ✗ weist auf ein den Erwartungen widersprechendes Ergebnis. [1]Prä-Post-Vergleiche basieren auf *t*-Tests für verbundene Stichproben und den Daten von Gruppe 1. In die Prä-Post-Vergleiche gingen $N = 24$ gültige Fälle ein. [2]Prä-Follow-up-Vergleiche basieren auf *t*-Tests für verbundene Stichproben und den Daten von Gruppe 1. In die Prä-Follow-up-Vergleiche gingen infolge von Dropout $N = 14$ gültige Fälle ein. [3]Die Ergebnisse basieren auf den Prä- und Post-Messungen von Gruppe 1 und Gruppe 4. Angegeben sind die Interaktionseffekte einer zweifaktoriellen Varianzanalyse mit dem Messwiederholungsfaktor Zeit (Prä vs. Post) und dem Zwischensubjektfaktor Bedingung (Experimentalgruppe vs. Kontrollgruppe). $^{*}p < .05$, $^{**}p < .01$, $^{***}p < .001$.

4.2 Follow-up: Stabilität der Effekte

Weitere *t*-Tests, die die Werte der Prä-Messung mit denen des Follow-up-Zeitpunktes verglichen, zeigen zudem, dass sich auch fünf Wochen nach dem Kurs noch signifikante Unterschiede zur Ausgangsmessung zeigen. Alle im Prä-Post-Vergleich gefundenen signifikanten Effekte bleiben auch zur Follow-up-Messung noch signifikant unterschiedlich von der Prä-Messung. In Tabelle 5 sind die Ergebnisse detailliert dargestellt.

Interessanterweise zeigen sich bei der Follow-up-Messung zusätzlich signifikant geringere Werte in der kognitiven und emotionalen Irritation im Vergleich zur Prä-Messung. Man muss dabei allerdings beachten, dass es zur Follow-up-Messung einen Dropout gab und möglicherweise Selektionseffekte eine Rolle spielen.

4.3 Vergleich der Wirksamkeit mit anderen Interventionen

Um einordnen zu können, wie wirksam die „Einfach weniger Stress"-Kurse im Vergleich zu anderen Interventionen sind, wurden außerdem die Effektstärken für ausgewählte Variablen zwischen den vier Gruppen verglichen. Es wurden die Variablen subjektives Stresslevel, Wissen über Stressoren und Ressourcen und die Stressverarbeitungsstrategie Flucht gewählt, die sowohl im Prä-Post-Vergleich als auch dem Vergleich mit der Kontrollgruppe signifikante Unterschiede zeigten (siehe Tabelle 5).

Wie in Abbildung 6 zu sehen, hat der Kurs in fast allen Variablen die höchsten Effektstärken, Ausnahme ist das Wissen über Ressourcen, wo der Selbstlernkurs eine vergleichbar hohe Effektstärke aufweist. Man sieht außerdem, dass die App eher mittlere Effekte (vgl. Cohen, 1988) aufweist und sich beim Selbstlernkurs je nach Variable große Unterschiede in der Effektstärke zeigen.

4.4 Fazit

Die Ergebnisse aus der Pilotstudie deuten darauf hin, dass der Kurs Veränderungen im erwarteten Sinne nach sich zieht und der „Einfach weniger Stress"-Kurs auf unterschiedlichen Ebenen wirkt. Die Effekte scheinen über längere Zeit stabil und auch stärker im Vergleich zu niederschwelligen Angeboten (App oder Selbstlernkurs) ohne Präsenz und professionelle Anleitung durch eine Kursleitung zu sein. Insbesondere reduziert sich durch den Kurs das Stresserleben und das Wissen über Ressourcen und Stressoren – als Aspekt einer stressbezogenen Selbstkompetenz – nimmt zu. Ferner werden dysfunktionale Stressverarbeitungsstrategien reduziert. Für eine Verbesserung der untersuchten funktionalen Stressverarbeitungsstrategien konnte jedoch kein Beleg gefunden werden. Zukünftige Studien könnten hier noch andere Strategien (z. B. Job Crafting) untersuchen, die eine größere Nähe zum Job-Demands-Resources-Modell (Bakker & Demerouti, 2017; Demerouti et al., 2001; vgl. Abschnitt 2.3) aufweisen.

Auch wenn die Studie auf eine Stabilität von Effekten hindeutet, kann es im Einzelfall zu Transferproblemen kommen, denen durch geeignete Maßnahmen vorgebeugt werden sollte (siehe Abschnitt 6.11).

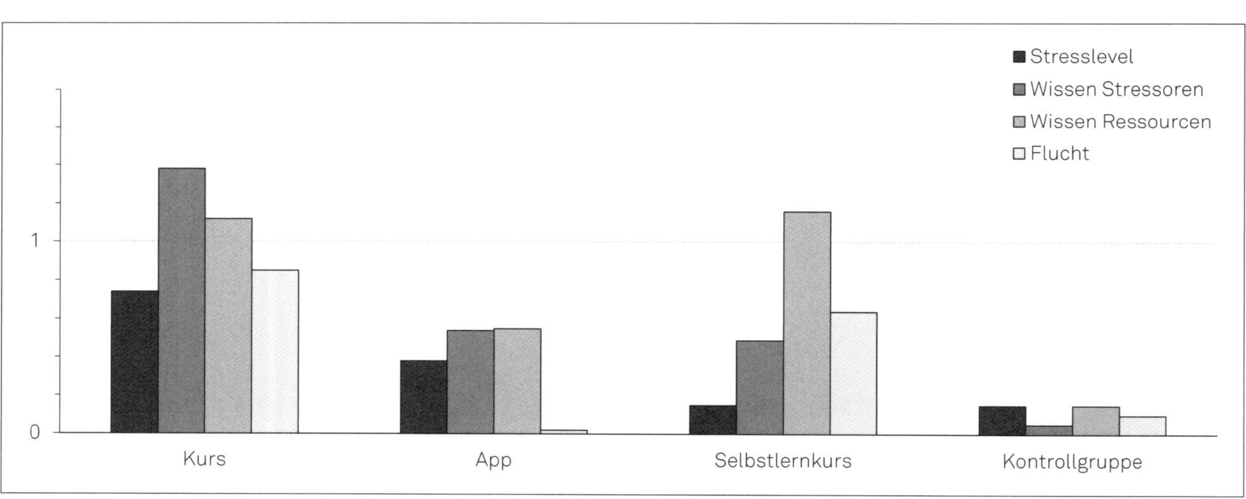

Abbildung 6: Effektstärken (Cohens *d*) für ausgewählte Variablen im Vergleich

Kapitel 5

Präventionsgesetz und -strategie als Handlungsrahmen

Durch das Sozialgesetzbuch Fünftes Buch (SGB V) § 20 „Primäre Prävention und Gesundheitsförderung" sind die gesetzlichen Krankenkassen verpflichtet, in ihren Satzungen Leistungen zur Prävention sowie Leistungen zum selbstbestimmten gesundheitsorientierten Handeln der Versicherten vorzusehen. Die zu erbringenden Leistungen umfassen unter anderem die verhaltensbezogene Prävention, Leistungen zur Prävention in Lebenswelten für gesetzlich Versicherte (d.h. bedeutsame, abgrenzbare soziale Systeme wie Kindertagesstätten in sozialen Brennpunkten) sowie Leistungen der betrieblichen Gesundheitsvorsorge.

Ferner ist geregelt, dass der Spitzenverband der Krankenkassen auf Bundesebene ein einheitliches Verfahren für die *Zertifizierung* von Leistungsangeboten festlegt. Die Zertifizierung übernimmt die Zentrale Prüfstelle Prävention der Kooperationsgemeinschaft gesetzlicher Krankenversicherungen. Diese vergibt das Qualitätssiegel „Deutscher Standard Prävention" für Angebote, die den Standards des Leitfadens Prävention entsprechen. Auf Grundlage des hier beschriebenen „Einfach weniger Stress"-Konzeptes wurde ein standardisiertes Kurskonzept entwickelt, das von der Zentralen Prüfstelle Prävention geprüft und zertifiziert wurde. Neben der Zertifizierung betreibt die Zentrale Prüfstelle Prävention eine Datenbank, auf die alle gesetzlichen Versicherungen zugreifen können. Weitere Informationen zur Zertifizierung und zur Zentralen Prüfstelle Prävention gibt es unter folgendem Link: https://www.zentrale-pruefstelle-praevention.de/

Im Sozialgesetzbuch Fünftes Buch (SGB V) ist unter § 20d zudem vorgeschrieben, dass die Krankenkassen zusammen mit den Trägern der gesetzlichen Renten- und Unfallversicherung sowie den Pflegekassen eine gemeinsame nationale Präventionsstrategie entwickeln und umsetzen. Die Umsetzung erfolgt dabei auf Länderebene mit weiteren Akteuren und setzt regionale Schwerpunkte (GKV-Spitzenverband & Medizinischer Dienst des Spitzenverbandes Bund der Krankenkassen, 2018). Zudem bestehen Berichtspflichten zur Präventionsstrategie und dessen Umsetzung. Hieraus ergeben sich interessante Zahlen zur Verbreitung und Nutzung verschiedener Angebote. Im individuellen Ansatz, der Leistungen beinhaltet, die das Ziel verfolgen, die Versicherten für eine gesunde Lebensführung zu motivieren und zu befähigen, umfasst die Prävention neben dem Stressmanagement auch Angebote zu Bewegung, Ernährung sowie zum Suchtmittelkonsum. Der größte Anteil betraf im Jahr 2017 Leistungen zur Bewegung (69.68 %). Weitere 26.36 % umfassten Angebote zur Stressbewältigung (siehe Abbildung 7).

Die Kurse zum Stressmanagement umfassen wiederum Angebote zur Entspannung (z. B. Autogenes Training, Progressive Muskelrelaxation) sowie Angebote zur Förderung der Stressbewältigungskompetenzen, zu denen auch „Einfach weniger Stress"-Kurse zählen. Innerhalb der Angebote zur Stressbewältigung überwogen im Jahr 2017 Angebote zur Entspannung (z. B. Hatha Yoga). Nur 7.52 % der Teilnahmen entfielen auf Kurse zur Förderung von Stressbewältigungskompetenzen. Der Anteil dieser Kurse an den Gesamtangeboten im individuellen Ansatz betrug damit 1,98 %. Stellt man diese Zahlen anderen Berichten gesetzlicher Krankenkassen gegenüber, die zu dem Ergebnis kommen, dass über die Hälfte der Bevölkerung Stress erlebt (z. B. Techniker Krankenkasse, 2016; pronovaBKK, 2018), erscheint die Anzahl an Nutzenden von Präventionsangeboten klein zu sein.

Hinsichtlich der Zielgruppe fällt auf, dass die Kurse zur Stressprävention hauptsächlich von Frauen (86 %) in Anspruch genommen wurden. Die teilnehmenden Personen waren dabei größtenteils zwischen 20 und 60 Jahren alt.

Auch wenn man berücksichtigt, dass zusätzlich 17.672 Betriebsstandorte und damit 1.854.427 Personen direkt durch betriebliche Maßnahmen erreicht wurden, bleibt weiterhin ein deutliches Missverhältnis zwischen Zahlen zur Verbreitung des Phänomens Stress und der Nutzung der Angebote zur Stressprävention bestehen. Mit dem „Einfach weniger Stress"-Programm soll daher ein Angebot geschaffen werden, das den Bedürfnissen der gestressten Menschen besser entspricht.

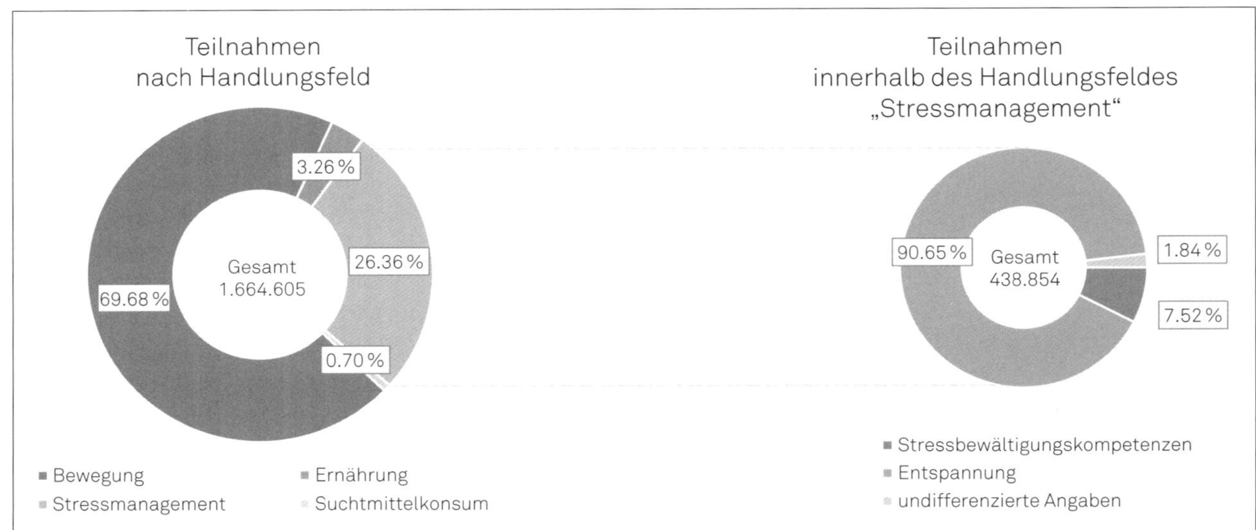

Abbildung 7: Teilnehmende an Präventionskursen nach Handlungsfeldern der Präventionsstrategie und innerhalb des Handlungsfeldes „Stressmanagement" (eigene Darstellung der Zahlen des GKV-Spitzenverbandes & Medizinischen Dienstes des Spitzenverbandes Bund der Krankenkassen, 2018, S. 120)

Kapitel 6

Das „Einfach weniger Stress"-Kurskonzept – Traineranweisungen für den Einsatz als Gruppentraining

6.1 Übergeordnete Zielsetzung und Grundannahmen

Ziel des „Einfach weniger Stress"-Konzeptes ist es, auf Grundlage eines multimethodalen Stressmanagements in einem (Kompakt-)Kurs individuelle Stressbewältigungskompetenzen bei den Teilnehmenden aufzubauen. *Individuelle Stressbewältigungskompetenzen* verstehen wir in Anlehnung an den Kompetenzbegriff (Kauffeld, 2006; Kauffeld & Paulsen, 2018):

Definition: Individuelle Stressbewältigungskompetenz

Die individuelle Stressbewältigungskompetenz umfasst ein System von Fähigkeiten, Fertigkeiten und Wissen, die einzelne Personen bei der Bewältigung konkreter Belastungen handlungs- und reaktionsfähig machen und sich in der erfolgreichen Bewältigung konkreter Anforderungen zeigen. Sie umfassen insbesondere das gezielte Aktivieren und den gezielten Aufbau von physischen, psychischen und sozialen Ressourcen zur Reduzierung von Stressoren und Stresserleben sowie zur Steigerung des Wohlbefindens.

6.1.1 Kompetenzverständnis im „Einfach weniger Stress"-Konzept

Ein wesentliches Merkmal dieses Kompetenzverständnisses ist, dass Stressmanagementkompetenzen sich im Umgang mit konkreten *Belastungen* zeigen. Welche Belastungen konkret auftreten, ist individuell je nach Lebenswelt unterschiedlich. Mit dem „Einfach weniger Stress"-Konzept soll erreicht werden, dass die Teilnehmenden grundlegende Stressmanagementkompetenzen erlernen, diese direkt auf die individuelle Lebenswelt beziehen und befähigt werden, Anforderungen zu reduzieren und Ressourcen aufzubauen. Die konkreten Belastungen müssen dabei nicht akut sein, sondern können auch in der Zukunft liegen, also erwartet werden. Hier umfassen Stressmanagementkompetenzen dann ein System aus Wissen, Fertigkeiten und Fähigkeiten zur *Vorbeugung von Stress.*

Stressmanagementkompetenzen sind überfachliche Kompetenzen (siehe Abbildung 8) und umfassen Selbstkompetenzen (z. B. Erkennen von Stressoren), Methodenkompetenzen (z. B. Routinen zur Entspannung vor Leistungssituationen) sowie Sozialkompetenzen (z. B. Aktivierung von sozialen Ressourcen). Diese überfachlichen Kompetenzen sind nicht isoliert von *fachlichen Kompetenzen* zu betrachten, welche zentral für die Lösung von Problemen und Bewältigung von Aufgaben im Job sind. Fachliche Kompetenzen umfassen z. B. das organisationale Wissen, das Identifizieren und Analysieren von Problemen, das Aufzeigen und Erläutern von Lösungen oder Vernetzen von Problemen und Lösungen. Kompetenzaspekte der Methoden-, Sozial- und Selbstkompetenz können zur Entwicklung und Entfaltung der Fachkompetenzen beitragen. Ausgeprägte Methoden-, Sozial- und Selbstkompetenzen im Bereich Stressmanagement helfen dem Einzelnen, seine Fachkompetenzen auch bei hohen Belastungen einzubringen.

Stressmanagement adressiert damit auch das Prinzip der *Selbstorganisation:* Menschen handeln selbstorganisiert in sozialen Situationen und greifen dazu auf Wissen, Fertigkeiten und Fähigkeiten zurück (siehe Kasten).

Selbstorganisierte Systeme

Für das Prinzip der Selbstorganisation spielt das von den chilenischen Biologen und Philosophen Humberto Maturana und Francisco Varela geprägte Autopoiesis-Konzept (Maturana & Varela, 2009)

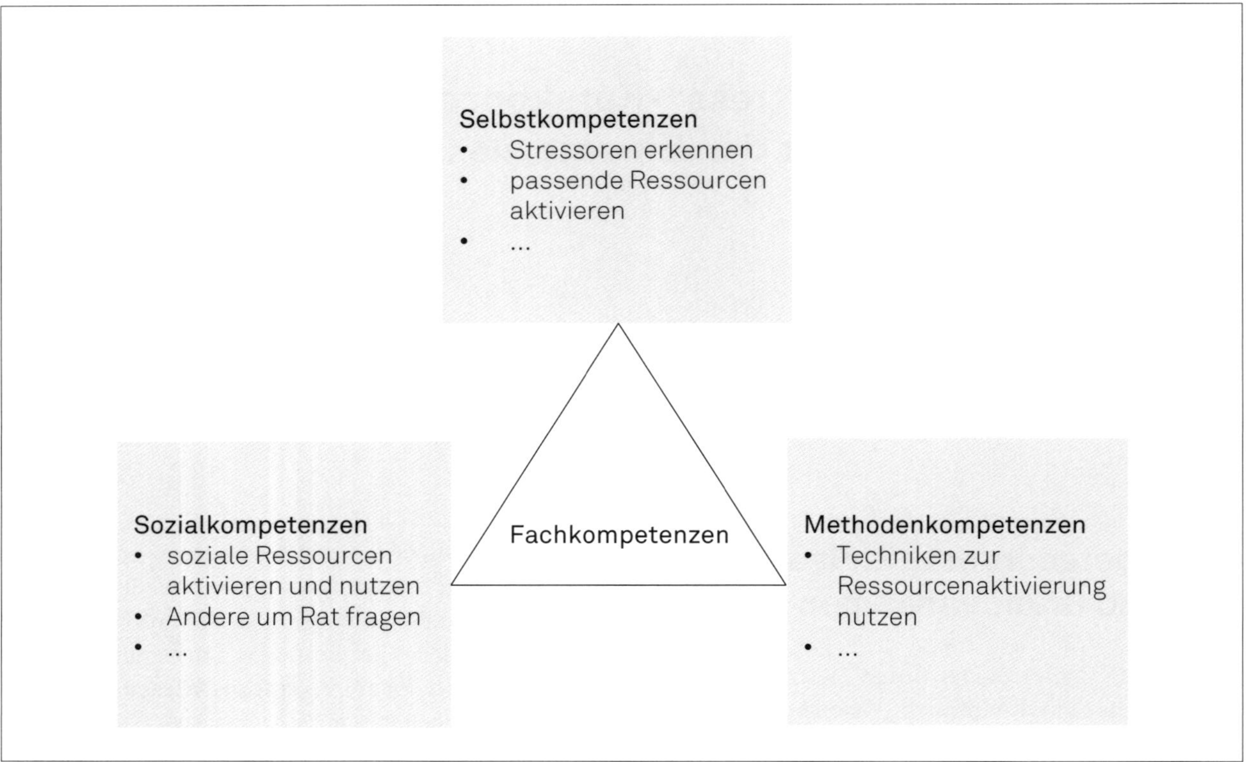

Abbildung 8: Dreieck der Stressmanagementkompetenzen

eine wichtige Rolle. *Autopoiesis* bedeutet in etwa Selbsterschaffung und beschreibt die Erkenntnis der Wissenschaftler, dass sich lebende Systeme von nicht-lebenden dadurch unterscheiden, dass sie sich aus sich selbst erzeugen. Dieses Konzept wurde später von Niklas Luhmann auf *soziale Systeme* übertragen, die demnach Impulse aus der Außenwelt nicht einfach übernehmen, sondern in eine innere Logik übersetzen und somit „operativ geschlossen" sind (Luhmann, 1997). Für Trainerinnen/Trainer und Coaches bedeutet dies, dass sie Methoden so gestalten sollten, dass sie die Lebenswirklichkeit der Teilnehmenden bzw. Coachees berücksichtigen und zu einer autonomen Lösung der eigenen Stressthemen anregen.

Genauer verstehen wir den Menschen als ein *biopsychosoziales System* (vgl. Uexküll & Wesiack, 1996). Gerade in Bezug auf Stress haben biologische Komponenten eine große Relevanz. Stress wird als eine unspezifische Reaktion des Organismus verstanden (Selye, 1956; vgl. Abschnitt 2.1). Alle Lebewesen können somit Stress erleben. Im Sport setzt man sich bewusst Stress – Trainingsreizen – aus, um beispielsweise den Stoffwechsel leistungssteigernd zu beeinflussen. Stress macht sich auch körperlich bemerkbar: Schwitzen oder Muskelverspannungen sind typische Stressreaktionen. Diese stehen nicht isoliert von psychischen oder sozialen Komponenten, sondern interagieren mit diesen. Körperliche Symptome können eine Folge psychischen Stresserlebens sein. Die Gedanken an einen Konflikt führen dann beispielsweise zur Anspannung. Gleichzeitig kann die Anspannung aber auch dazu führen, dass die Gedanken immer wieder um den Konflikt kreisen und man „nicht loslassen kann". So können biologische Komponenten auch Ursache für psychisches Stresserleben sein. Diese Bezüge bestehen auch zu sozialen Komponenten. Die soziale Umwelt kann zur Be- oder Entlastung führen. Die Anwesenheit anderer Menschen mag in dem einen Fall als soziale Unterstützung aufgefasst werden, in dem anderen Fall als bedrohliche Leistungsbewertung. Physiologisches und psychisches Stresserleben kann dabei Auswirkungen darauf haben, wie die soziale Umwelt wahrgenommen wird. Erleben wir bereits „Stress", dann erscheint schnell vieles eher als zusätzliche Belastung. Wir wirken auf unsere Umwelt ein, sodass wir auch mittelbar Einfluss darauf nehmen, wie sich andere Menschen uns gegenüber verhalten. Gereiztheit kann beispielsweise zu Streit führen und dadurch das Auftreten weiterer Stressoren begünstigen. Das biopsychosoziale Menschenbild integriert die verschiedenen Wechselwirkungen und ermöglicht, im Einzelfall relevante Wirkmechanismen stärker zu fokussieren.

6.1.2 Stressoren- und Ressourcenperspektive

Im „Einfach weniger Stress"-Konzept wird Stress aus zwei Perspektiven beleuchtet: der Stressoren- und der Ressourcenperspektive (siehe Abbildung 9).

Abbildung 9: Stressoren- und Ressourcenperspektive auf Stress

Die *Stressorenperspektive* ist ein eher problemorientierter Ansatz und die gewohntere Sicht auf das Problem Stress. Es ist aber dennoch wichtig, sich dem Stress im Sinne des prozesshaften Verstehens aus dieser Perspektive zu nähern. Im „Einfach weniger Stress"-Programm sind die beiden Phasen „Stress verstehen" und „Stressoren erkennen" auch an den Anfang gestellt. Mit der Phase „Ressourcen wecken" findet ein Blickwechsel auf das Thema Stress statt. Die *Ressourcenperspektive* ist eher ungewohnt und wird oft nicht unmittelbar mit Stress in Verbindung gebracht. Gleichzeitig ist aber gerade diese Perspektive für die nachhaltige Stressprävention entscheidend, da Ressourcen eine vorbeugende und puffernde Wirkung in der Stressentstehung haben (vgl. Abschnitt 2.4). Das Wissen um die eigenen Ressourcen kann bewusst in Stresssituationen genutzt werden, um diese weniger belastend zu erleben. Außerdem kann der Aufbau von Ressourcen Stress auch zu einer positiven Herausforderung werden lassen.

In Bezug auf das Zusammenspiel zwischen Stressoren und Ressourcen spielt in der Arbeitswelt auch das Konzept des *Job Craftings* (Tims, Bakker & Derks, 2013; Wrzesniewski & Dutton, 2001; vgl. Abschnitt 2.4) eine wichtige Rolle. Damit ist gemeint, dass Personen ihren Gestaltungsspielraum nutzen, um Anforderungen und Ressourcen zu managen. Ein Beispiel wäre der bewusste Verzicht darauf, arbeitsbezogene Mails auf dem Smartphone am Abend oder am Wochenende zu lesen. So können Personen hinderliche Anforderungen reduzieren und Ressourcen aktivieren, um leistungsfähig und gesund zu bleiben. Das „Einfach weniger Stress"-Konzept greift diesen Ansatz auf und vermittelt den Teilnehmenden Möglichkeiten des Job Craftings. Das Programm zielt darauf ab, dass Teilnehmende ihre Anforderungen im Sinne des Job Craftings reduzieren und gezielt Ressourcen aufbauen.

6.1.3 Motivationspsychologische Grundlagen

Positive Gefühle spielen auch bei der Umsetzung von Strategien der Stressbewältigung eine zentrale Rolle (vgl. Abschnitt 2.4). Die Umsetzung von Handlungsplänen gelingt besonders dann, wenn Menschen explizite Absichten, Ziele und Vorsätze verfolgen, die in Übereinstimmung mit impliziten Motiven sind (Brunstein, 2010). *Implizite Motive* sind unbewusste Bedürfnisse, die sprachlich nicht zwingend repräsentiert sind und auf bestimmte Anreizklassen gerichtet sind. Dies kann etwa der Austausch mit anderen (Anschlussmotiv) oder das Erleben von Kompetenz (Leistungsmotiv) sein. Ein weiteres Motiv ist das Erleben von Einfluss (Machtmotiv).

Im „Einfach weniger Stress"-Programm werden verbal verfasste Vorsätze mit ansprechenden Bildern verknüpft und so emotional positiv aufgeladen (siehe Abschnitt 6.9). Dabei wählen die Teilnehmenden zunächst eine Bildkarte aus, die sie anspricht. Wichtig ist, dass die Bildkarte möglichst spontan und intuitiv gewählt wird (Bottom-up-Prozess: „Das Bild hat mich gewählt") und nicht erst bewusste Überlegungen dazu angestellt werden (Top-down-Prozess: „Ich habe das Bild gewählt, weil ...").

Neben positiven Gefühlen spielen für die erfolgreiche Umsetzung jedoch auch negative Gefühle eine Rolle. Bereits bei der Planung der Umsetzung der erlernten Strategien sollten *Barrieren* identifiziert werden, die zwischen einem gegenwärtigen Ist-Zustand und einem ausgemalten Wunsch-Zustand liegen (Oettingen & Reininger, 2016). Für den Fall, dass diese Barrieren später auftreten, werden direkt konkrete Gegenmaßnahmen eingeplant. Dies führt dazu, dass die Barrieren letztendlich sogar als Erinnerungshilfen für zielgerichtetes Handeln dienen. So werden intuitive Mechanismen menschlicher Handlungsregulation genutzt.

Im „Einfach weniger Stress"-Programm werden diese Erkenntnisse der Emotions- und Motivationsforschung genutzt, um den Transfer der im Kurs erlernten Verhaltensstrategien in die Lebenswelt der Teilnehmenden vorzubereiten und so zu erleichtern. Ferner tragen sie dazu bei, dass die Teilnehmenden flexibel und gelassen in konkreten Belastungssituationen reagieren, indem sie auf intuitive Steuerungsmechanismen zurückgreifen. Bei dem „Einfach weniger Stress"-Programm handelt es sich um einen integrativen Ansatz, der verschiedene Modelle und Konzepte nutzt und in einen linearen Ablauf überführt. Dieser umfasst für jede der fünf Phasen Ziele, eine Spezifikation der Lerninhalte sowie eine Darstellung des Vorgehens und der eingesetzten Methoden. Dabei erfolgt teilweise ein Rückgriff auf bewährte Methoden (z. B. kognitive Umstrukturierung, Vorsatzbildung).

6.2 Allgemeine Durchführungshinweise

Die Herstellung günstiger Rahmenbedingungen für den Kurs ist bereits die erste Chance, bei den Kursteilnehmenden ein Gefühl der Entspannung einkehren zu lassen, gleichzeitig kann hier durch wenig Aufwand eine große Wirkung erzeugt werden. Insofern können die Rahmenbedingungen als erste Intervention für das Kursziel im Sinne einer *Musterunterbrechung* (von Schlippe & Schweitzer, 2016) vom Alltagsstress wirken und sollten entsprechend aufmerksam gestaltet werden. Die Rahmenbedingungen spielen in allen Phasen des Trainings eine Rolle: beim Ankommen (Abschnitt 6.2.1), bei der Begrüßung (Abschnitt 6.4), im Kursverlauf (Abschnitt 6.2.2) sowie beim Abschluss und der Verabschiedung (Abschnitt 6.10).

Zu einer entspannten Gestaltung des Kurses gehört auch, die maximale *Gruppengröße* von 12 Teilnehmenden einzuhalten, damit in allen Phasen des Trainings ausreichend Zeit zum gemeinsamen Reflektieren der Ergebnisse in Kleingruppen oder dem Plenum ist. Der Zeitplan in Tabelle 6 auf Seite 29 ist auf diese maximale Gruppengröße ausgelegt und er sollte im Falle größerer Gruppen entsprechend angepasst werden. Dabei sollte berücksichtigt werden, dass auf jede Einzelarbeitsphase mindestens eine Austauschphase folgt und für diesen Austausch entsprechend Zeit eingeräumt wird.

6.2.1 Ankommen der Teilnehmenden

Checkliste zur Vorbereitung des Raumes

- Raum einladend vorbereiten: Stuhlkreis/Oval, Blumen, Musik
- Kursunterlagen (Arbeitsblätter) von der CD-ROM ausdrucken, in eine Mappe heften und auf die Plätze der Teilnehmenden legen
- Benötigte Materialien (Flipchartständer, Moderationskarten, Blöcke etc.) bereitstellen bzw. auslegen
- Flipchart mit der Aufschrift „Herzlich willkommen" aufhängen
- Evtl. Entspannungsmusik oder positive Musik als Hintergrundmusik laufen lassen
- Snacks (z. B. süßes und salziges Gebäck) und Getränke bereitstellen

Schon beim Ankommen kann man die Teilnehmenden dabei unterstützen, in den richtigen mentalen Modus für den Kurs zu kommen. Die Teilnehmenden kommen aus einer anderen Lebenswelt (z. B. geschäftliche Termine, Familie) und sind nun plötzlich gefordert, sich über längere Zeit auf ein ganz anderes Thema einzulassen. Frische Blumen, positive Musik, frisch aufgebrühter Kaffee oder Tee, ein paar Kekse, eine gut gelaunte Kursleitung und ein freundliches „Hallo" sind kleine Elemente mit großer Wirkung. Ein paar Sätze zum Ankommen geben den Teilnehmenden Orientierung, etwa darüber, wo die Garderobe ist, wo sich die Teilnehmenden hinsetzen können und wo es Toiletten und ggf. etwas zu trinken gibt. Eine offene Sitzordnung (z. B. Stuhlkreis ohne Tische) ist günstig für die Kommunikation miteinander (siehe Abbildung 10).

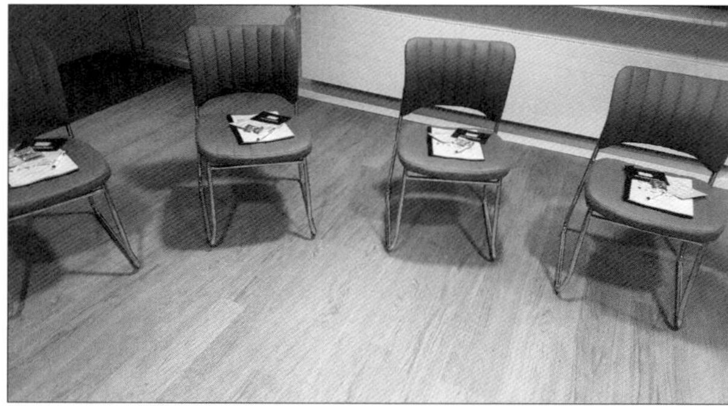

Abbildung 10: Vorbereitete Stühle in einer offenen Sitzrunde

6.2.2 Kursverlauf

Im Verlauf des Kurses ist es wichtig, den bei den Teilnehmenden aufkommenden Themen angemessenen Raum zu geben. Gestresste Menschen können dazu neigen, ihre eigenen Bedürfnisse zurückzustellen. Das Eingehen auf die Anliegen ist daher wichtiger als das Abarbeiten der Agenda. Dieses Vorgehen stellt somit wieder eine Art Musterunterbrechung (s. o.) dar und trägt gleichzeitig dazu bei, dass die Kursleitung im guten Kontakt mit den Teilnehmenden bleibt.

6.3 Aufbau und Ablauf des Kurses

Das „Einfach weniger Stress"-Programm ist in fünf Phasen gegliedert, die die Struktur des Kurses vorgeben. Die Phasen „Stress verstehen", „Stressoren erkennen", „Ressourcen wecken", „Umsetzung planen" und „Gelassen handeln" werden dabei in dem vorgestellten Kurskonzept in unterschiedlichem Stundenumfang behandelt (siehe Tabelle 6), die Gewichtung kann aber aufgrund des modularen Aufbaus je nach Gruppe und Kontext abgewandelt werden. In Abschnitt 8.1.1 wird der Kurs beispielsweise als eintägiges Trainingsprogramm für Führungskräfte dargestellt. Detaillierte Stundenverlaufspläne für den 1,5-tägigen Kurs und den eintägigen Kurs für Führungskräfte werden auf der beiliegenden CD-ROM bereitgestellt.

6.3.1 Phasen des „Einfach weniger Stress"-Prozesses

In Tabelle 7 sind die zu den Phasen gehörenden Inhalte aufgelistet. Jede Phase ist mit einem Symbol versehen, das zur Orientierung für die Teilnehmenden verwendet werden kann und das auch auf den zugehörigen Arbeitsblättern abgedruckt ist. Die Symbole können beispielsweise auch zur Gestaltung von Flipcharts wie in Abbildung 12 (siehe Abschnitt 6.4.2) genutzt werden.

6.3.2 Übersicht über Kursmaterialien

Der in die fünf Phasen gegliederte Kursablauf wird durch *Stundenverlaufspläne* detailliert beschrieben. Zu jeder der fünf Phasen gibt es einen Stundenverlaufsplan auf der beiliegenden CD-ROM. Jede der fünf Phasen ist in den Stundenverlaufsplänen in kürzere Einheiten unterteilt, die durch ein Thema und (Teil-)Ziele definiert sind. In den Stundenverlaufsplänen gibt es zudem Hinweise zur Organisationsform (z. B. Input durch Kursleitung, Einzelarbeit, Partnerarbeit) sowie zu benötigten Materialien (z. B. Arbeitsblätter).

Die Kursleitung kann die *Arbeitsblätter* auf der beiliegenden CD-ROM als Kursunterlagen nutzen, die

Tabelle 6: Beispielhafter Ablaufplan zum „Einfach weniger Stress"-Kurskonzept (1,5-tägiger Kurs)

Tag 1: Freitag (18.00 bis 20.30 Uhr)		
18.00–18.45	1. Stunde	Einführung
18.45–19.00	*15 Minuten Pause*	
19.00–19.45	2. Stunde	Stress verstehen I
19.45–20.30	3. Stunde	Stress verstehen II
Tag 2: Samstag (10.00 bis 16.30 Uhr)		
10.00–10.45	4. Stunde	Stressoren erkennen I
10.45–11.30	5. Stunde	Stressoren erkennen II
11.30–11.45	*15 Minuten Pause*	
11.45–12.30	6. Stunde	Ressourcen wecken I
12.30–13.15	7. Stunde	Ressourcen wecken II
13.15–14.00	*45 Minuten Mittagspause*	
14.00–14.45	8. Stunde	Umsetzung planen
14.45–15.00	*15 Minuten Kaffeepause*	
15.00–15.45	9. Stunde	Gelassen handeln I
15.45–16.30	10. Stunde	Gelassen handeln II inkl. Abschluss und Verabschiedung

Tabelle 7: Der „Einfach weniger Stress"-Prozess im Überblick

Phase		Ziele	Inhalte	Methoden
1	Stress verstehen	Verständnis von der Entstehung, Aufrechterhaltung und Bewältigung von Stress, Verständnis für die Rolle von Stressoren und Ressourcen im Stresserleben	Psychologische Grundlagen (transaktionales Stressmodell, Job-Demands-Resources-Modell), Stressreaktionen	• Stresssituation analysieren • Positive und negative Folgen von herausfordernden Situationen benennen • Zusammenspiel von Stressoren und Ressourcen (Stress-Waage) verstehen
2	Stressoren erkennen	Analyse eigener Stressoren, Methoden zur Reduzierung von Stressoren erarbeiten	Typen von Stressoren kennen und bei sich erkennen, Umgang mit Stressoren in akuten Stresssituationen	• Stressoren-Radar • Stressanfälligkeit analysieren • Innere Antreiber kennenlernen • Umdeuten
3	Ressourcen wecken	Entdecken von eigenen Ressourcen, Kennenlernen von Wegen, um die Ressourcen zu wecken	Typen von Ressourcen kennen, Wege und Werkzeuge zur Ressourcenaktivierung	• Traumreise • Ressourcen-Radar • Wege zur Ressourcenaktivierung erarbeiten • Wunsch-Ressourcen erfassen
4	Umsetzung planen	Entwicklung individueller Maßnahmenpläne	Bedeutung von Plänen für Gewohnheitsveränderung, Planung gewünschter Verhaltensweisen und Nutzung der Ressourcen	• Veränderungsbedarf analysieren • Situation verändern • Veränderung planen
5	Gelassen handeln	Entwicklung einer gelassenen Haltung für die erfolgreiche Umsetzung der Maßnahmenpläne	Entwicklung einer Vision vom Wunsch-Handeln, Vorbeugen von Rückfällen; Nutzung der intuitiven Handlungsregulation	• Gewohnheiten verstehen • Zustand des gelassenen Handelns entwickeln und Pläne gegen Widerstände erarbeiten • Ressourcen-Koffer

die Teilnehmenden vor allem zur Reflexion anregen. Die Teilnehmenden können dort die Ergebnisse der Reflexion schriftlich fixieren und haben so eine Möglichkeit, das Erarbeitete auch nach dem Kurs noch einmal nachzuschlagen. Diese Arbeitsblätter sind außerdem als logisch aufeinander aufbauende Arbeitsmappe angelegt, die den Teilnehmenden ausgedruckt zur Verfügung gestellt werden kann und so eine zusätzliche Strukturierungshilfe für den Kurs darstellt. Es empfiehlt sich daher, im Rahmen der Kursvorbereitung (siehe auch Abschnitt 6.2.1) die Arbeitsblätter für die Teilnehmenden auszudrucken und als Mappe zur Verfügung zu stellen. Ein sukzessives Bearbeiten der Arbeitsblätter führt dann dazu, dass der „rote Faden" besser erkennbar ist und im Kursverlauf transparent bleibt. In Tabelle 8 sind die Arbeitsblätter zu den einzelnen Phasen aufgeführt.

Die Kursleitung ist zusätzlich gefordert, Input zu geben. Hintergründe dazu sind in den vorherigen Kapiteln dargestellt und werden in den nachfolgenden Abschnitten vertieft. Es gibt eine *Präsentation* als digitales Zusatzmaterial für den Input von Modellen (siehe beiliegende CD-ROM). Ferner können die Folien als Inspiration für die Anfertigung von eigenen Materialien wie Flipcharts dienen.

6.4 Einführung in den Kurs

6.4.1 Ziele

Themen

- Begrüßung der Teilnehmenden
- Kennenlernen
- Erwartungen und Rahmenbedingungen
- Stresslevel

Ziele

- Die Teilnehmenden fühlen sich willkommen
- Die Teilnehmenden kennen einander
- Die Teilnehmenden können ihre Erwartungen mit den Rahmenbedingungen abgleichen
- Die Teilnehmenden haben einen ersten Zugang zu ihrem individuellen Stresslevel und können sich in der Gruppe verorten

Inhalte

- Informationen über den Kurs und den Anbieter
- Paarweises Kennenlernen und gegenseitiges Vorstellen im Plenum
- Ablauf des Kurses, Gruppenregeln, Organisatorisches

Tabelle 8: Übersicht über die Arbeitsblätter nach Phasen

Phase/Schritt	Arbeitsblatt Nummer	Arbeitsblattbezeichnung
0 Einführung in den Kurs	0.1	Stresslevel
1 Stress verstehen	1.1	Eine Stresssituation
	1.2	Stress-Waage
	1.3	Selbstcheck: Ständige Erreichbarkeit
2 Stressoren erkennen	2.1	Stressoren-Radar
	2.2	Stressanfälligkeit
	2.3	Innere Antreiber
	2.4	Umdeuten
3 Ressourcen wecken	3.1	Auf zum Picknick (Instruktion für die Kursleitung und Reflexion für Teilnehmende)
	3.2	Ressourcen-Radar
	3.3	Ressourcen-Wecker
	3.4	Wunsch-Ressourcen
4 Umsetzung planen	4.1	Stress angehen
5 Gelassen handeln	5.1	Inneres Ruhebild
	5.2	Gelassen handeln
	5.3	Ressourcen-Koffer

• Jeder Teilnehmende reflektiert sein aktuelles Stresslevel
Organisationsformen
Input durch Kursleitung, Paararbeit, Einzelarbeit, Plenum
Dauer
45 Minuten
Materialien
• Flipcharts „Lernziele“, „Ablauf“ und „Gruppenregeln“ • Arbeitsblatt 0.1 „Stresslevel“

Vor dem inhaltlichen Einstieg in die fünf Phasen ist ein Ankommen der Kursteilnehmenden (siehe Abschnitt 6.2.1), ein gegenseitiges Kennenlernen und eine Vorstellung der Rahmenbedingungen wichtig. Dazu ist im „Einfach weniger Stress“-Kurskonzept eine eigene Einheit vorgesehen, in der diese Punkte Platz finden. Der Einstieg in den Kurs ist in den Stundenverlaufsplänen (siehe beiliegende CD-ROM) strukturiert beschrieben. Dieser umfasst neben der Begrüßung zunächst eine Vorstellung der Kursleitung. Hilfreich ist es, wenn die Kursleitung hierbei auch Informationen über sich preisgibt, um Vertrauen aufzubauen. Durch den Einstieg soll eine gute Arbeits- und Lernatmosphäre geschaffen werden. Da in den späteren Arbeitsphasen in verschiedenen Übungen auch persönliche Themen besprochen werden, zielt diese Einheit darauf ab, Vertrauen untereinander aufzubauen und eine vertrauliche Atmosphäre zu schaffen. Die Vorstellung der Teilnehmenden erfolgt untereinander zunächst in Paararbeit anhand von Leitfragen. Schließlich stellen sich die Partner dann gegenseitig im Plenum vor. Es folgen eine Erwartungsabfrage und Informationen zum Ablauf. Als Überleitung zu den nachfolgenden Phasen werden die Teilnehmenden gebeten, am Ende den Stressverlauf rückwirkend für die letzten Tage auf einem Arbeitsblatt einzuzeichnen und darüber zu berichten.

6.4.2 Inhalte und Vorgehen

Dadurch, dass die Kursleitung sich selbst vorstellt, bietet diese bereits ein Modell für die anschließende Kennenlernphase. Die *Begrüßung* der gesamten Gruppe bietet eine gute Gelegenheit, die Teilnehmenden abzuholen und auf das Ziel des Kurses zu orientieren. Hier hilft eine verständliche Formulierung der Kursziele: Das Kompetenzverständnis (siehe Abschnitt 6.1.1) sollte den Teilnehmenden zu Kursbeginn in Form von *Lernzielen* kommuniziert werden (siehe Abbildung 11): Die Teilnehmenden (1) erkennen individuelle Anforderungen und Ressourcen, (2) erwerben Methoden zur Ressourcenaktivierung, (3) veranschaulichen ihre sozialen Ressourcen, (4) entwickeln einen Zustand des Wunsch-Handelns und (5) erarbeiten Wenn-Dann-Pläne für Stresssituationen.

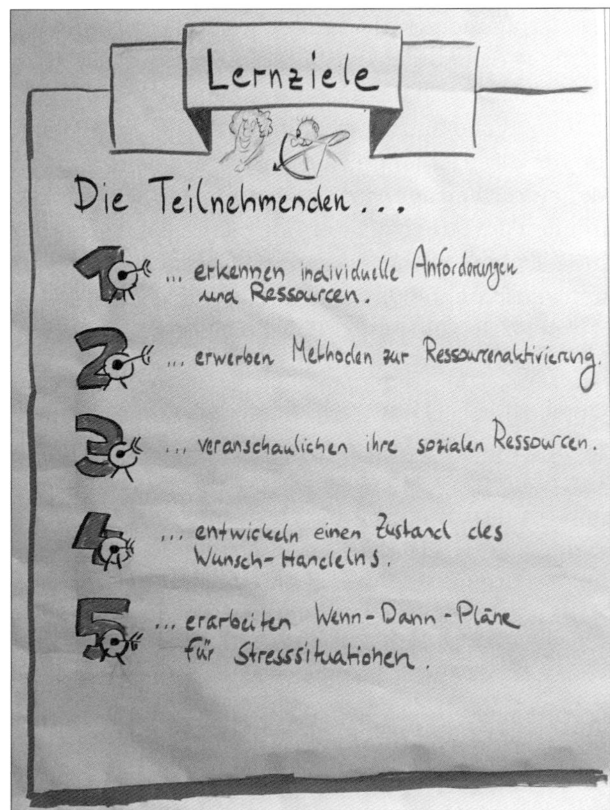

Abbildung 11: Flipchart „Lernziele“

Das *Kennenlernen* der einzelnen Teilnehmenden, beispielsweise zunächst paarweise und dann mit einer gegenseitigen Vorstellung im Plenum, kann bereits „das Eis“ zwischen den Teilnehmenden „brechen“. Die Kursleitung kann weitere Impulse geben, welche Punkte besprochen werden sollen. Name, Alter und beruflicher Hintergrund sind meist in der ersten Kennenlernrunde unverfänglich. Zusätzlich könnte schon ein Stichwort zu einem aktuellen Stressthema oder das aktuelle Stresslevel den Bezug zum Kursthema herstellen (z. B. „Wie gestresst bist du gerade/heute/warst du in dieser Woche – auf einer Skala von 1 = gar nicht gestresst bis 10 = total gestresst/dem Burnout nahe?“). Weitere mögliche Leitfragen sind:

- „Mit welchem Ziel hast du dir den Kurs ausgesucht?“
- „Welche Vorerfahrungen hast du mit dem Thema Stress und Stressprävention?“
- „Was bedeutet Gelassenheit für dich?“
- „Was weißt du bereits über Stress? Was willst du noch lernen?“

Nach dem Kennenlernen können dann kurz gemeinsam *Gruppenregeln* am Flipchart erarbeitet werden, auf die sich die Gruppe verständigt (siehe die Beispiele im Kasten). Es ist nützlich, diese Regeln während des gesamten Kurses sichtbar an einer Wand aufzuhängen, damit sie im Bewusstsein der Teilnehmenden bleiben und gegebenenfalls darauf verwiesen werden kann. Von der Kursleitung können bei der Erarbeitung der Regeln durch Fragen Impulse gegeben werden, falls wichtige Themen (wie Vertraulichkeit der individuellen Themen, Akzeptanz der individuellen Bewertung von Stresssituationen) nicht von den Teilnehmenden selbst genannt werden (z. B. „Ein Kurs lebt von persönlichen Erfahrungen im Kurs. Was ist dir wichtig, damit du diese einbringen kannst?“).

Beispiele für Gruppenregeln

- *Vertrauliche Atmosphäre schaffen:* Alles, was an persönlichen Informationen bekannt wird, bleibt vertraulich.
- *Wertschätzend miteinander umgehen:* Wertschätzung bedeutet, anderen die Aufmerksamkeit zu schenken.
- *Fokuserweiterung durch andere Meinungen:* Andere Standpunkte können wertvolle Informationen enthalten, auch wenn man anderer Meinung ist. Insofern haben sie ihre Berechtigung und dürfen geäußert werden.
- *Ich-Botschaften senden:* Verantwortungsvolle und rücksichtsvolle Kommunikation kann durch „Ich“-Botschaften gefördert werden.
- *Störungen haben Vorrang:* Wer mit einer Übung nicht zurechtkommt, darf dies jederzeit sagen. Es gibt meistens schnell eine Lösung, sodass alle von den Übungen profitieren können.

Abbildung 12: Flipchart „Ablauf“

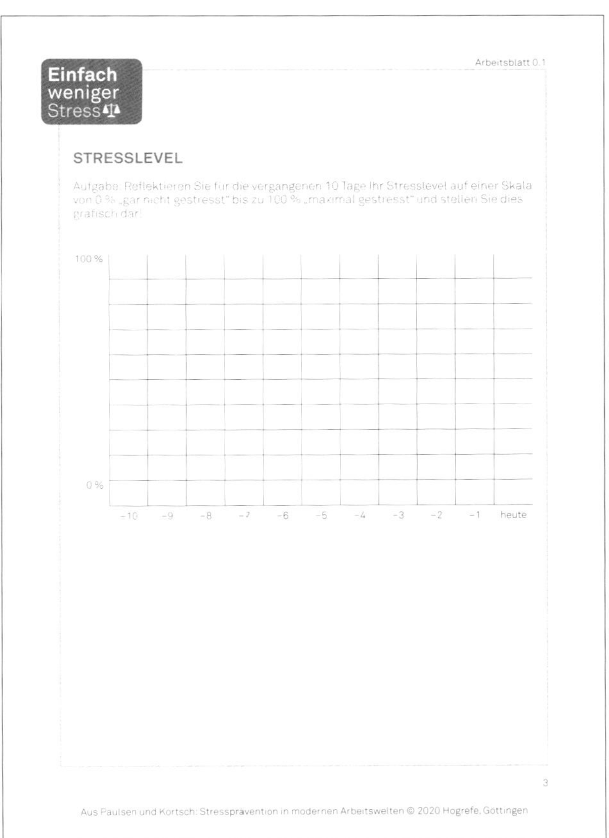

Einfach weniger Stress

Arbeitsblatt 0.1

STRESSLEVEL

Aufgabe: Reflektieren Sie für die vergangenen 10 Tage Ihr Stresslevel auf einer Skala von 0 % „gar nicht gestresst“ bis zu 100 % „maximal gestresst“ und stellen Sie dies grafisch dar!

100 %

0 %

–10 –9 –8 –7 –6 –5 –4 –3 –2 –1 heute

3

Aus Paulsen und Kortsch: Stressprävention in modernen Arbeitswelten © 2020 Hogrefe, Göttingen

Abbildung 13: Arbeitsblatt 0.1 „Stresslevel“

Eine *Erwartungsabfrage* kann helfen, die Kursziele mit den Zielen der Teilnehmenden abzugleichen und zu informieren, wo sich die Themen der Teilnehmenden im Kursplan wiederfinden. Bei Bedarf können besondere Anliegen intensiver aufgegriffen werden. Die Erwartungen der Teilnehmenden sollten bei der Gestaltung des Kurses berücksichtigt und an passender Stelle immer wieder aufgegriffen werden (z. B. am Ende eines ersten Tages, vor oder nach einer längeren Pause).

Eine klare Orientierung gibt eine *Agenda* zum Kursablauf, die ständig einsehbar ist (z. B. als Flipchart an der Wand, wie in Abbildung 12, oder in den Kursunterlagen der Teilnehmenden). Das Thema Pausen sollte gleich zu Beginn thematisiert werden. Da Pausen bei gestressten Menschen oft zu kurz kommen, sollten diese ausreichend (spätestens nach 90 Minuten) eingeplant und auch im Sinne eines Rollenvorbildes gewissenhaft eingehalten werden.

Als Überleitung zu der folgenden Phase ist vorgesehen, dass die Teilnehmenden ihr individuelles Stresslevel (*Arbeitsblatt 0.1 „Stresslevel“;* siehe Abbildung 13) über die letzten 10 Tage reflektieren. Die Erfahrung zeigt, dass die Teilnehmenden über die letzten Tage Schwankungen bezüglich ihres Stresserlebens haben und es oft spezifische, individuell unterschiedliche Anforderungen bei Ausschlägen des Stresslevels nach oben gibt (z. B. anstehende Prüfungssituation, familiäre Situation).

6.5 Schritt 1: Stress verstehen

6.5.1 Ziele

Themen
• Was ist Stress • Mein Stress • Stressreaktionen • Stressoren und Ressourcen • Zusammenfassung
Ziele
• Die Teilnehmenden entwickeln ein psychologisches Stressverständnis • Die Teilnehmenden stellen eine Verknüpfung zwischen Theorie und ihrer Lebenswelt her • Die Teilnehmenden können positive und negative Folgen von herausfordernden Situationen in Form unterschiedlicher Stressreaktionen und -symptome erklären • Die Teilnehmenden können das Zusammenwirken von Stressoren und Ressourcen im Job-Demands-Resources-Modell an eigenen Beispielen erklären • Die Teilnehmenden reflektieren das Gelernte und bereiten die Vertiefung am Folgetag vor
Inhalte
• Stressbegriff, Stressreaktionen, transaktionales Stressmodell • Die Teilnehmenden notieren eine stressige Situation der letzten Zeit • Die individuellen Stresserlebnisse werden hinsichtlich positiver und negativer Folgen analysiert, im Plenum wird dies in Hinblick auf unterschiedliche Stressreaktionen und Stresssymptome besprochen • Kennenlernen des Job-Demands-Resources-Modells, gegenseitiges Vorstellen von Stresssituationen und Anwendung des Zusammenwirkens von Stressoren und Ressourcen • Stressverständnis wird mit Stressoren und Ressourcen in Verbindung gebracht, Illustration am Waage-Modell
Organisationsformen
Input durch Kursleitung, Diskussion im Plenum, Einzelarbeit, Kleingruppenarbeit
Dauer
90 Minuten
Materialien
• Präsentation (Folien 1 bis 16) und/oder Flipchart • Arbeitsblatt 1.1 „Eine Stresssituation“ • Arbeitsblatt 1.2 „Stress-Waage“ • Bei Bedarf: Arbeitsblatt 1.3 „Selbstcheck Ständige Erreichbarkeit“

Die erste Phase „Stress verstehen“ dient dazu, ein gemeinsames und vertieftes Verständnis von Stress zu entwickeln. Dies umfasst die Beschreibung von Stress einschließlich der Unterscheidung von zentralen Begrifflichkeiten, der Erklärung von Stress, der Vorhersage von Stresserleben und Ansatzpunkte für die Reduktion des Stresserlebens. Mit Blick auf das übergeordnete Ziel ist diese psychoedukative Phase von Bedeutung, um das selbstorganisierte Handeln zu fördern.

Konkret umfasst die Phase „Stress verstehen“ folgende Teilziele:

- Die Teilnehmenden verstehen Stress als unspezifische Reaktion des Organismus auf äußere Reize und können Beispiele für verschiedene Stressreaktionen benennen.
- Die Teilnehmenden verstehen die Entstehung und Bewältigung von Stress anhand des transaktionalen Stressmodells von Lazarus und illustrieren dies anhand eigener Beispiele aus dem Alltag.
- Die Teilnehmenden können die Unterschiede zwischen Stressoren und Stresserleben benennen und verdeutlichen dies anhand von Beispielen aus ihrer Lebenswirklichkeit.
- Die Teilnehmenden können positive und negative gesundheitlichen Folgen von als herausfordernd wahrgenommen Situationen benennen.
- Die Teilnehmenden können die Rolle von Ressourcen für die Entstehung von Stress und Wohlbefinden anhand des Job-Demands-Resources-Modell an eigenen Beispielen erläutern.

Die Teilziele beinhalten bereits Informationen zu den konkreten Inhalten, die in der Phase „Stress verstehen" behandelt werden sollen.

6.5.2 Inhalte

Im Fokus stehen zwei Stresstheorien: Das transaktionale Stressmodell (Lazarus, 1991; Lazarus & Folkman, 1987; vgl. Abschnitt 2.2) und das Job-Demands-Resources-Modell (Bakker & Demerouti, 2017; Demerouti et al., 2001; vgl. Abschnitt 2.3). Beide Modelle haben dabei einen unterschiedlichen Schwerpunkt, sind gleichzeitig jedoch inhaltlich-logisch miteinander verknüpft.

Vorgelagert ist jedoch ein allgemeines Verständnis von *Stress*. Die Teilnehmenden sollen eine Antwort auf die Frage „Was ist Stress?" erhalten. Stress wird als unspezifische Reaktion eines Organismus auf äußere Reize verstanden (Seyle, 1956; vgl. Abschnitt 2.1). Somit spiegelt sich Stress im Menschen wider. Gleichzeitig hat Stress „viele Gesichter" und zeigt sich ganz unterschiedlich. Dies ist ein wesentliches Vermittlungsziel. Es bietet zudem die Überleitung zu der Erkenntnis, dass Stress sehr individuell ist. Dies zeigt sich daran, wie Menschen reagieren, also wie die Stresssituation aussieht und ob Menschen Stress erleben.

Den Schwerpunkt des *transaktionalen Stressmodells* von Lazarus (1991; Lazarus & Folkman, 1987) im „Einfach weniger Stress"-Programm bildet die Erklärung von akutem Stress, dessen Entstehung und Aufrechterhaltung. Ausgangspunkt sind hier konkrete Situationen. Mit der Einführung des Modells werden auch Begrifflichkeiten wie *Stressoren,* Stresserleben und Stressreaktion eingeführt und voneinander abgegrenzt. Ein zentrales Vermittlungsziel ist die Erkenntnis, dass die Bewertung von Situationen eine zentrale Rolle bei der Entstehung von Stress spielt. Dies schließt auch die Bewertung hinsichtlich verfügbarer Ressourcen mit ein. Aus dem transaktionalen Stressmodell werden zudem zwei *Coping-Strategien* abgeleitet: Problemzentrierte und emotionszentrierte Strategien.

Das *Job-Demands-Resources-Modell* bildet eher ein übergeordnetes Modell. Es abstrahiert von einzelnen Situationen (auch wenn es auf diese prinzipiell anwendbar ist) und passt daher oft gut zu gegenwärtigen Lebensphasen (z.B. Prüfungssituation, neuer Job, berufliche Orientierungsphase, Hausbau). Es lenkt die Aufmerksamkeit auf mehrere Anforderungen (Stressoren) sowie vor allem auch auf vorhandene *Ressourcen*. Ein Vermittlungsziel ist die Erkenntnis, dass Ressourcen vor negativen Folgen von Anforderungen schützen und hierfür bedeutsam sind. Mit dem Bild der Waage wird angesprochen, dass sich Anforderungen und Ressourcen im Gleichgewicht befinden sollten. Verknüpfendes Element sind in beiden Modellen die Ressourcen, die zur Bewältigung von Anforderungen genutzt werden.

In dieser Phase wird auch die *„Stress-Waage"* eingeführt (siehe Abbildung 14). Die Waage symbolisiert im „Einfach weniger Stress"-Programm das Zusammenspiel von Stressoren und Ressourcen. Sie eignet sich gut als Symbol und didaktisches Element, das in den folgenden Phasen immer wieder aufgegriffen werden kann. Die Waage beinhaltet folgende Ideen:

- Stressoren und Ressourcen sollten im Gleichgewicht stehen, damit eine Situation bewältigt werden kann und keinen Stress auslöst.
- Menschen sollten je nach Situation Ressourcen aktivieren, wenn zusätzliche Stressoren hinzukommen, um die Stressoren auszugleichen. Allerdings geht es nicht immer um eine quantitative Ausgewogenheit, manche Stressoren (z.B. kritische Lebensereignisse wie der Tod von Angehörigen, vgl. Holmes & Rahe, 1967) sind so belastend, dass sie nur schwer durch einzelne Ressourcen ausgeglichen werden können.
- Werden in einer Situation mehr (oder stärkere) Stressoren aktiv als wir Ressourcen aktivieren können, kippt die Waage in Richtung der Stressoren und wir fühlen uns gestresst („Man gerät aus dem Gleichgewicht").
- Haben wir ausreichend Ressourcen, suchen wir in der Regel nach neuen Herausforderungen, um uns zu entwickeln.
- Phase 1 „Stress verstehen" behandelt die Mechanik der Waage, Phase 2 „Stressoren erkennen" behandelt Inhalte der einen Waagschale und Phase 3 „Ressourcen wecken" behandelt Inhalte der anderen Waagschale.

Abbildung 14: Die Stress-Waage im „Einfach weniger Stress"-Konzept

6.5.3 Vorgehen

Methodisch werden vor allem kurze inhaltliche *Impulse* gegeben. Hierbei ist es hilfreich, das theoretische Wissen auf zentrale Erkenntnisse herunterzubrechen, bildhaft darzustellen (z. B. durch das Modell der Waage oder Zeichnungen; siehe Abbildung 15) sowie durch Beispiele zu untermalen. Dabei können die vier Verständlichkeitskriterien berücksichtigt werden (Langer, Schulz von Thun & Tausch, 1974, 2015; siehe Kasten).

Vier Verständlichkeitskriterien

Zu den vier Verständlichkeitskriterien gehören die Einfachheit der Sprache, Kürze und Prägnanz, Gliederung und Ordnung sowie Anschaulichkeit (Langer et al., 1974, 2015):

- *Einfachheit der Sprache:* Statt komplizierter Begriffe sollten einfache Begriffe verwendet werden. Fachbegriffe sollten kurz erläutert werden.
- *Kürze und Prägnanz:* Die Inhalte sollten auf das Wesentliche heruntergebrochen werden.
- *Gliederung und Ordnung:* Durch eine logische Strukturierung der Inhalte und das Herstellen von Verbindungen kann eine Ordnung hergestellt werden.
- *Anschaulichkeit:* Die Inhalte sollten am Flipchart visualisiert werden. Auch auf der Tonspur (d. h. mündlich präsentiert) helfen anschauliche, bildhafte Vergleiche dabei, die Modelle besser zu verstehen. In Abbildung 15 sind die VUKA-Welten (vgl. Kapitel 1) visualisiert (z. B. „schnelllebig wie eine Achterbahnfahrt, unsicher wie ein Seiltanz"). Eine weitere Methode, um Anschaulichkeit sicherzustellen, ist das Nutzen von Beispielen. Von Vorteil ist es, Beispiele aus den Lebenswelten der Teilnehmenden aufzugreifen. Hierfür bietet es sich an, die Teilnehmenden in einer Einstiegsphase bereits von eigenen Stresssituationen berichten zu lassen. Dafür kann das *Arbeitsblatt 1.1 „Eine Stresssituation"* verwendet werden (s. u.).

Abbildung 15: Visualisierung der VUKA-Welten als Ausgangslage

Als digitales Zusatzmaterial ist eine Präsentation verfügbar, die in „Einfach weniger Stress"-Kursen genutzt werden kann (siehe die beiliegende CD-ROM und das Beispiel in Abbildung 16) oder als Inspiration für eine bildhafte Umsetzung auf dem Flipchart dient.

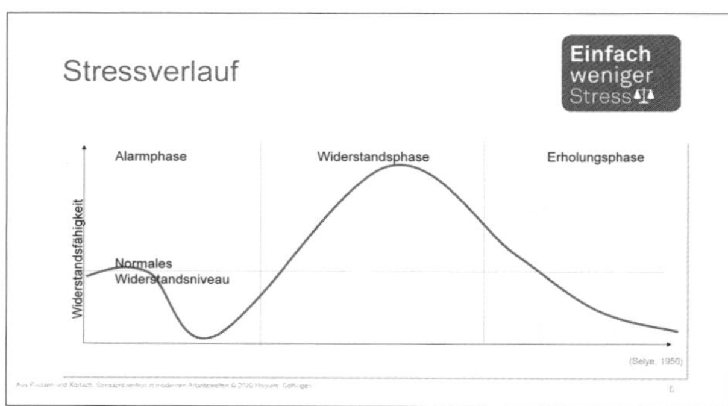

Abbildung 16: Folie 6 aus der PowerPoint-Präsentation

Den Impulsen schließen sich *Reflexionsübungen* an. So folgt einer Erläuterung des transaktionalen Stressmodells die Reflexion einer „Stresssituation" *(Arbeitsblatt 1.1)*. Das Job-Demands-Resources-Modell wird in der Übung „Stress-Wage" auf eine erlebte Situation angewendet (*Arbeitsblatt 1.2;* siehe Abbildung 17). Falls noch Zeit ist und seitens der Teilnehmenden Bedarf besteht, kann als weitere Übung ein Selbstcheck zur „Ständigen Erreichbarkeit" (*Arbeitsblatt 1.3*; basierend auf einer Erreichbarkeitstypologie von Pauls, Pangert & Schlett, 2017) durchgeführt werden.

Aus den Erfahrungen zeigt sich, dass es den meisten Teilnehmenden in der Regel leichtfällt, die Bedeutung der Bewertung in Stresssituationen zu erkennen. Einigen Teilnehmenden fällt es jedoch trotz dieses Verständnisses schwer, dies auf ihre Situation anzuwenden und z. B. positive Umformulierungen für eigene Stresssituationen zu gewinnen. Von daher

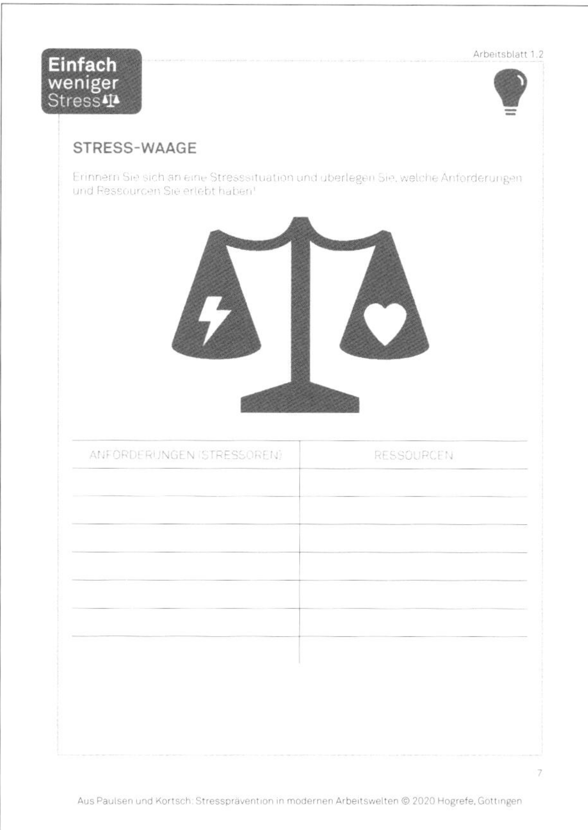

Einfach weniger Stress

Arbeitsblatt 1.2

STRESS-WAAGE

Erinnern Sie sich an eine Stresssituation und überlegen Sie, welche Anforderungen und Ressourcen Sie erlebt haben!

ANFORDERUNGEN (STRESSOREN)	RESSOURCEN

7

Aus Paulsen und Kortsch: Stressprävention in modernen Arbeitswelten © 2020 Hogrefe, Göttingen

Abbildung 17: Arbeitsblatt 1.2 „Stress-Waage“

empfiehlt es sich, auch positive Beispiele für Stressbewältigung berichten zu lassen und das Umdeuten bereits in einer frühen Phase zu üben. In Gruppenformaten helfen sich die Teilnehmenden hierbei oft auch untereinander.

Häufig wird vonseiten der Teilnehmenden ein hoher Bedarf an Informationen geäußert, der zum Teil über die vermittelten Modelle hinausgeht. Die Kursleitung stellt für die Kursteilnehmenden eine Expertin bzw. einen Experten dar und kann Antworten auf verschiedene Fragen geben. Die Kursleitung kann auf dieses Bedürfnis eingehen und Wissensimpulse immer wieder – auch im späteren Verlauf – einstreuen. Gleichzeitig sollte allerdings sichergestellt werden, dass die Teilnehmenden die gemachten Erfahrungen reflektieren und entsprechende Arbeitsphasen ermöglicht werden, damit die Informationen nicht nur passiv „konsumiert“ werden.

6.6 Schritt 2: Stressoren erkennen

6.6.1 Ziele

Themen

- Aufgreifen der Themen des Vortages
- Einführung zum Thema Stressoren
- Meine Stressoren
- Stressanfälligkeit
- Innere Antreiber
- Umdeuten

Ziele

- Die Teilnehmenden erinnern die Inhalte des Vortages
- Die Teilnehmenden können Typen von Stressoren benennen
- Die Teilnehmenden wenden die Typisierung auf eigene Stressoren an und bewerten die Häufigkeit des Auftretens
- Die Teilnehmenden analysieren ihre Stressoren hinsichtlich der individuellen Stresswahrscheinlichkeit
- Die Teilnehmenden lernen ihre inneren Antreiber kennen
- Die Teilnehmenden erarbeiten für ausgewählte Stressoren alternative, funktionale Gedanken

Inhalte

- Visualisierung der Inhalte des Vortages für einen groben Überblick
- Stress und Stressoren, Typen von Stressoren
- Überblick über die eigenen Stressoren
- Ermittlung der inneren Antreiber
- Bezug zwischen Stressoren und inneren Antreibern herstellen, Stresswahrscheinlichkeit ausarbeiten, gemeinsam besprechen
- Gestaltbarkeit der Deutung von Stressoren

Organisationsformen

Input durch Kursleitung, Diskussion im Plenum, Einzelarbeit, Paararbeit, Kleingruppenarbeit

Dauer

90 Minuten

Materialien

- Präsentation (Folien 17 bis 19) und/oder Flipchart
- Arbeitsblatt 2.1 „Stressoren-Radar“
- Arbeitsblatt 2.2 „Stressanfälligkeit“
- Arbeitsblatt 2.3 „Innere Antreiber“
- Arbeitsblatt 2.4 „Umdeuten“

Die Phase „Stressoren erkennen" dient dazu, dass die Teilnehmenden die eigenen Stressoren in ihrer jetzigen Lebenssituation reflektieren und einordnen. Die Teilnehmenden lernen verschiedene Arten von Stressoren kennen. Sie erkennen Gründe, weshalb bestimmte Stressoren bei ihnen persönlich Stress auslösen und wie sie diesem Stress begegnen können. Die Phase umfasst neben einer Beschreibung auch die Reflexion eigener Grundannahmen, die im Sinne von inneren Antreibern den Stress verstärken können.

Folgende Teilziele werden in dieser Phase angestrebt:

- Die Teilnehmenden können Klassen von Stressoren benennen.
- Die Teilnehmenden wenden die Typisierung der Stressoren auf die eigene Lebenswirklichkeit an und bewerten die Häufigkeit des Auftretens in ihrem Alltag.
- Die Teilnehmenden erkennen eigene stressförderliche Gedanken und Grundannahmen und erläutern diese an eigenen Beispielen.
- Die Teilnehmenden erarbeiten für ausgewählte stressförderliche Gedanken alternative funktionale Gedanken.

6.6.2 Inhalte

In dieser Phase wird detailliert auf *Stressoren* sowie bewertende Kognitionen (z. B. Grundannahmen), die das Stresserleben hervorrufen oder verschärfen, eingegangen. Als Reize (z. B. eine Situation, ein Ereignis), die eine Stressreaktion hervorrufen, sind Stressoren eigentlich nicht unabhängig vom Stress zu sehen. Von der Begrifflichkeit besteht daher eine starke Nähe zum in Phase 1 thematisierten transaktionalen Stressmodell. In diesem Modell werden spezifische Situationen, die durch kognitive Bewertungsprozesse zu einer Stressreaktion führen, als Stressoren bezeichnet. Das heißt, was genau ein Stressor ist, zeigt sich erst dann, wenn Stress auftritt. Allerdings können aus Erfahrungen potenzielle Stressoren ermittelt werden, die typischerweise zu Stressreaktionen führen. Listen mit Stressoren helfen im Kurs, um Anhaltspunkte für Stressoren zu erhalten.

Stressoren stellen im ebenfalls in Phase 1 vermittelten Job-Demands-Resources-Modell *Anforderungen* dar. Es bestehen verschiedene Listen von typischen Anforderungen. Schaufeli und Taris (2014) unterscheiden beispielsweise die folgenden arbeitsbezogenen Stressoren:

- Arbeitsdruck
- Arbeitsplatzunsicherheit
- Bedrohung durch Patientinnen und Patienten
- emotionale Anforderungen
- emotionale Dissonanz (Diskrepanz zwischen gefordertem Emotionsausdruck und dem tatsächlichen emotionalen Erleben)
- Fehlverhalten von Schülerinnen und Schülern
- Grübeln und Gedankenkreisen
- kognitive Anforderungen
- Komplexität
- Konflikte zwischen Arbeit und Freizeit/Familie
- Leistungsanforderungen
- negative Einflüsse von der Familie auf den Beruf
- physische Anforderungen
- Probleme mit dem Computer
- (sehr häufige, komplexe) Problemlösung
- qualitative Arbeitsanforderungen
- Restrukturierungen
- Risiken und Bedrohungen
- Rollenkonflikte
- sexuelle Belästigung
- (häufige und intensive) soziale Kontakte, die sich im Job ergeben
- Stellenabbau im Unternehmen (Downsizing)
- ungünstige Arbeitsumgebungen
- ungünstige Schichten
- sehr hohe Verantwortung
- widersprüchliche Rollen
- Zeitdruck
- zu hohes Arbeitsvolumen
- zwischenmenschliche Konflikte

Diese Liste zeigt die Vielfalt der Anforderungen und bezieht sich vor allem auf Arbeitsanforderungen. Ein Fokus des „Einfach weniger Stress"-Konzeptes liegt auf Stressoren, die im Arbeitsleben auftreten. Die Liste von Schaufeli und Taris (2014) ist hilfreich, um Orientierungen zu schaffen. Für Teilnehmende sollten die unterschiedlichen Anforderungen jedoch *kategorisiert* werden. Hier können Stressoren in die Kategorien (1) Arbeitsaufgabe, (2) Arbeitszeit, (3) Führung und Organisation sowie (4) technische Faktoren aufgeteilt werden (Bundesanstalt für Arbeitsschutz und Arbeitsmedizin, 2017), die noch weiter unterteilt werden (siehe Tabelle 9).

Derartige Listen sind nützlich, um den Teilnehmenden einen Eindruck davon zu vermitteln, welche Anforderungen sie möglicherweise im Arbeitsleben zu bewältigen haben. Die Listen stellen zudem Anregungen dar, die zur Reflexion der eigenen Situation genutzt werden können. Oft kommt es vor, dass die Teilnehmenden „dem Kind einen Namen" geben und ihre eigene Situation besser einordnen können.

Während das transaktionale Stressmodell die *kognitive Bewertung* explizit als maßgeblich für die Entstehung und Aufrechterhaltung von Stress beachtet,

Tabelle 9: Anforderungen hinsichtlich Arbeitsaufgabe, Arbeitszeit, Führung und Organisation sowie Technik und Umgebung (in Anlehnung an BAuA, 2017, S. 12)

Arbeitsaufgabe	Arbeitszeit
• wenig Tätigkeitsspielraum • Arbeitsintensität • Emotionsarbeit • traumatische Belastungen • Störungen und Unterbrechungen	• atypische Arbeitszeiten • arbeitsbezogene erweiterte Erreichbarkeit wird erwartet • wenig Arbeitspausen • Detachment (Abschalten können) • hohe Mobilitätsanforderungen • Work-Life-Balance
Führung und Organisation	**Technik und Umgebung**
• Probleme mit der Führung • Probleme in den sozialen Beziehungen • organisationale Ungerechtigkeit • atypische Beschäftigung • Arbeitsplatzunsicherheit	• Lärm • ungünstiges Klima • ungünstiges Licht • Anforderungen der Mensch-Maschine-Interaktion • Anforderungen der Mensch-Rechner-Interaktion (z.B. Umgang mit Computern, Tablets)

spielt diese im Job-Demands-Resources-Modell eine untergeordnete Rolle. Hier wird nicht exakt zwischen der Situation und der Bewertung unterschieden. Vielmehr wird eine Anforderung immer durch das Erleben der Person mitgeprägt.

Eine Erweiterung und Verknüpfung des transaktionalen Stressmodells mit dem Job-Demands-Resources-Modell unterscheidet dazwischen, ob Anforderungen als *Herausforderung oder Hindernis* bewertet werden (z.B. Crawford et al., 2010; siehe Abbildung 3 in Abschnitt 2.4). Anforderungen können also entweder als hinderlich oder herausfordernd wahrgenommen werden. Diese Bewertung spielt dann auch für die Folgen eine Rolle. So wird angenommen, dass hinderliche Anforderungen ausschließlich negative Effekte haben, während herausfordernde Anforderungen ebenso positive Stressfolgen nach sich ziehen können.

Doch sind herausfordernde Anforderungen bei positiven Folgen nicht sogar wünschenswert? Eine Metaanalyse von Crawford et al. (2010) kommt zu dem Schluss, dass herausfordernde Anforderungen zwar positiv mit dem Arbeitsengagement (engl. Work Engagement) zusammenhängen, jedoch ebenso positiv mit Burnout assoziiert sind (siehe Abschnitt 2.4). Eine aktuelle Metaanalyse gibt zudem Hinweise darauf, dass herausfordernde Anforderungen im Gegensatz zu hinderlichen Anforderungen das psychologische Detachment (mentale Distanzierung) und die Erholung reduzieren (Bennett et al., 2018). Wenn Personen herausfordernde Anforderungen während der Arbeitszeit erleben, können sie nach der Arbeit also weniger gut abschalten und sich erholen, als wenn sie hinderliche Anforderungen erleben.

Im Kurs sollte dafür sensibilisiert werden, dass Herausforderungen *ambivalente Wirkungen* haben. Gerade Teilnehmende, die viele Herausforderungen suchen oder sich immer wieder mit Herausforderungen konfrontiert sehen, finden sich oft wieder, wenn sie die zwei Gesichter der Herausforderung wahrnehmen. Wichtig ist vor allem, dass sie Herausforderungen auch als Stressor (an-)erkennen. Mit der Bewertungskomponente gehen auch *inter- und intraindividuelle Unterschiede* einher. Das heißt, die Teilnehmenden unterscheiden sich darin, was sie als Herausforderung erleben und was nicht.

Als weiterer Inhalt werden Grundannahmen thematisiert, die die Stressentstehung begünstigen oder verschärfen können. Hierunter fällt das Konzept der *inneren Antreiber* (siehe Kasten). Neben den Grundannahmen werden spezifische stressauslösende oder verstärkende Gedanken in einzelnen Stresssituationen thematisiert.

Innere Antreiber

Als innere Antreiber werden unbewusste Grundannahmen verstanden, die unser Handeln leiten. Das Konzept der Treiber (engl. „driver"; Kahler, 1975) kommt aus der Transaktionsanalyse. Die Transaktionsanalyse ist ein auf Eric Berne zurückgehender Ansatz, um Menschen dabei zu unterstützen, sich selbst zu reflektieren. Kahler (1975) unterscheidet fünf Treiber:

- Be Perfect (Sei perfekt!)
- Be Strong (Sei stark!)
- Hurry Up (Beeil dich!/Sei schnell!)
- Please Others (Gefalle anderen!/Sei beliebt!)
- Try Hard (Streng dich an!)

Kaluza (2018) hat dieses Konzept in seinen Stressverstärkern aufgegriffen. In seinem Konzept übernimmt er die drei Antreiber „Sei perfekt!“, „Sei beliebt!“ und „Sei stark!“ von Kahler und erweitert diese durch die zwei Antreiber „Ich kann nicht!“ und „Sei vorsichtig!“. Die inneren Antreiber lassen sich auch als Glaubensätze verstehen, die sich in Selbstgesprächen manifestieren. Während sie oft zu einer Aktivierung und Mobilisierung von Ressourcen wie zusätzlicher Anstrengung führen, können sie jedoch auch dysfunktional werden. Gerade in Stresssituationen, in denen die mit den inneren Antreibern verbundenen Ansprüche bedroht werden, können diese Glaubenssätze dann Stress begünstigen. „Sei perfekt!“ drückt einen hohen Qualitätsstandard aus, der in Gefahr ist, sobald Fehler geschehen oder geschehen könnten.

6.6.3 Vorgehen

Vorranging werden in dieser Phase Einzelarbeiten sowie ergänzend Paar- oder Kleingruppenarbeiten durchgeführt. Die Einzelarbeiten dienen dazu, dass die Teilnehmenden ihre eigene Lebenssituation reflektieren. Voraussetzung dafür ist, dass die Teilnehmenden Zugang zu potenziellen Stressoren erhalten. Daher ist es hilfreich, zu Beginn Informationen hierzu zu vermitteln.

Einen größeren Raum nimmt in dieser Phase das Sammeln von Stressoren auf einem Stressoren-Radar *(Arbeitsblatt 2.1 „Stressoren-Radar“)* ein. Dort werden berufliche und private Stressoren eingetragen. Unterschieden werden zudem die Auftretenshäufigkeit und die Bedeutsamkeit *(Arbeitsblatt 2.2 „Stressanfälligkeit“)*. Die Teilnehmenden erhalten so einen guten Überblick über persönlich relevante Stressoren. Sie erkennen die Quantität und die erlebte Qualität von verschiedenen Anforderungen. Die inneren Antreiber können weitere Aufschlüsse geben, warum bestimmte Stressoren als persönlich relevanter eingeschätzt werden als andere *(Arbeitsblatt 2.3 „Innere Antreiber“* und *„Arbeitsblatt 2.4 „Umdeuten“)*.

Die Phase „Stressoren erkennen“ umfasst zwei Unterrichtsstunden zu 45 Minuten. Sofern eine zeitliche Unterbrechung zu der vorherigen Phase „Stress verstehen“ bestand, ist ein kurzes *Aufgreifen der Themen* aus der Phase „Stress verstehen“ hilfreich. Hierzu können auf einem Flipchart Stichworte oder Aussagen gesammelt werden, die den Teilnehmenden in Erinnerung geblieben sind. Dies aktiviert die Vorerfahrungen. Ergänzend können ausgewählte Flipcharts der vorherigen Phase zum transaktionalen Stressmodell und dem Job-Demands-Resources-Modell „im Schnelldurchlauf“ durchgegangen werden.

Die Kursleitung fasst dann kurz wesentliche Aussagen zusammen: „In der vorherigen Stunde haben wir zwei Modelle kennengelernt, die uns helfen, Stress zu verstehen. Das transaktionale Stressmodell zeigt uns, dass entscheidend ist, wie wir Situationen gedanklich bewerten. Das Job-Demands-Resources-Modell zeigt, dass das Verhältnis von Anforderungen und Ressourcen idealerweise ausgewogen ist. Dies wird veranschaulicht durch das Symbol der Waage.“

Diese Zusammenfassung bildet auch die Überleitung zum Einstieg in das Thema „Stressoren erkennen“: „Die Anforderungen auf der Waage bezeichnen wir als Stressoren. Oft ist uns gar nicht bewusst, welche Stressoren auf unserer persönlichen Waage sind. Wir spüren nur das Gewicht, das uns nach unten zieht. In dieser Phase geht es darum, diese Stressoren zu erkennen. Du sollst reflektieren, welche Anforderungen bei dir Stress auslösen. Dies ist der erste Schritt, um Belastungen und das Stresserleben zu reduzieren.“

Danach wird ein etwa zehnminütiger *Input zu Stressoren* gegeben. Als digitales Zusatzmaterial auf der beiliegenden CD-ROM stehen Präsentationsfolien, die hier genutzt werden können, zur Verfügung. Dieser Input umfasst eine Definition des Begriffes (siehe Abbildung 18). Derartige Definitionen sind einerseits von den Teilnehmenden gewünscht, anderseits sorgen sie oft noch nicht für die gewünschte Klarheit. Daher empfiehlt es sich, an die bisherigen Fallbeispiele der Teilnehmenden anzuknüpfen und daran zu erläutern, was der Stressor ist. Mithilfe der Beispiele (siehe Kasten) lässt sich auch einbringen, dass Stressoren auf der einen Seite sehr individuell sind, es jedoch typische Klassen gibt.

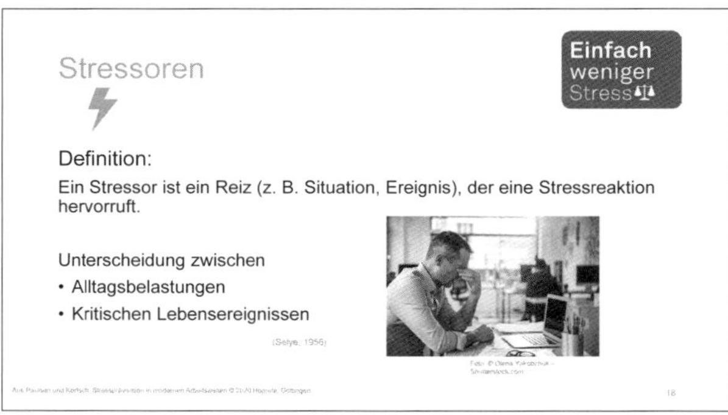

Abbildung 18: Folie 18 aus der PowerPoint-Präsentation

Beispiele für Stressoren

- *Beispiel 1:* „Marius erhält eine Mail von seiner Führungskraft. In dieser bittet die Führungskraft Marius, noch im Verlaufe des Tages eine Präsentation zu überarbeiten. Marius hatte sich die Zeit für andere, wichtige und dringende Aufgaben geblockt und erlebt die neue Aufgabe nun als „Bedrohung". Zugleich möchte er seine Führungskraft nicht enttäuschen. Allerdings drängt sich ihm der Gedanke auf, dass er noch gar nicht alles weiß, um die Präsentation in kurzer Zeit zu überarbeiten, sondern sich das Wissen erschließen muss. Marius reagiert mit Stress." In diesem Beispiel ist die Mail mit der Bitte, die Präsentation zu überarbeiten, der Stressor. Sicher reagieren nicht alle Personen mit Stress. Ein erfolgreiches Stressmanagement führt sogar dazu, dass Marius auf derartige Anfragen gelassener reagiert. Allerdings beinhaltet die Situation Faktoren, die typischerweise Stress auslösen können: hier insbesondere Zeitdruck.
- *Beispiel 2:* „Karl-Peter arbeitet als Paketzusteller. Sein Job fordert ihn vor allem körperlich. Jeden Tag legt er bis zu 15 Kilometer zu Fuß zurück und trägt 200 Pakete, die teilweise über 10 Kilogramm schwer sind. Gerade an heißen Sommertagen ist dies eine Belastung, die Karl-Peter beansprucht. Im Winter ist das Weihnachtsgeschäft eine große Herausforderung. Dann erhöht sich das Arbeitsvolumen, der Zeitdruck nimmt zu und schlechte Straßenverhältnisse kosten oft Zeit." In diesem Beispiel werden körperliche Anforderungen in Kombination mit physikalischen Arbeitsbedingungen im Sommer zu Stressoren. Im Winter sind es Zeitdruck in Verbindung mit hinderlichen Bedingungen im Straßenverkehr.
- *Beispiel 3:* „Susanne arbeitet im Vertriebsaußendienst. Sie hat klare Zielvorgaben für Kundenbesuche pro Monat sowie erwartete Abschlüsse. Mehrere Kunden in ihrem Bezirk fährt sie täglich ab. Beim Kunden vor Ort ist von Bedeutung, dass sie stets gut gelaunt wirkt und freundlich auftritt. Gerade letzteres erlebt sie immer wieder als anstrengend." Für Susanne scheint vor allem die Emotionsarbeit eine zentrale Anforderung zu sein, die zum Stressor wird. Emotionsarbeit erfordert, bestimmte Emotionen zu zeigen und andere zu unterdrücken. In der Regel besteht die Emotionsarbeit darin, positive Gefühle zu zeigen und auszudrücken und negative Gefühle zu unterdrücken. Das Job-Profil sieht vor, dass auch an einem schlechten Tag Vertriebsmitarbeitende dem Kunden gegenüber mit einem Lächeln im Gesicht auftreten.
- *Beispiel 4:* „Felix arbeitet als Sachbearbeiter in einer Versicherung. Seine Führungskraft betont immer wieder, dass das Team ihm Entscheidungen vorlegen soll. Felix hat das Gefühl, nichts mehr selbst entscheiden zu können. Verschärft wird dies dadurch, dass er immer wieder sehr detaillierte Vorgaben über das konkrete Vorgehen von seiner Führungskraft erhält. Er fühlt sich fremdbestimmt." In diesem Beispiel sind die geringen Entscheidungsspielräume eine zentrale Anforderung, die zum Stressor werden. Verbunden ist dies mit starken Vorgaben, die die Autonomie einschränken.
- *Beispiel 5:* „Verena arbeitet als Ingenieurin bei einem Automobilzulieferer. In einem Projekt ist sie mit vielen Entscheidungen konfrontiert, mit denen sie sich überfordert fühlt. Ihre Führungskraft beantwortet Fragen nur selten und spielt den Ball immer wieder zurück." In diesem Fall wirken die zu hohen Entscheidungsspielräume als Stressoren. Es geht also bei vielen Anforderungen vorrangig um das Ausmaß. Entscheidungsspielräume können so auch Ressourcen darstellen, sofern sie in einem optimalen Ausmaß vorliegen.

Es empfiehlt sich aus vielerlei Hinsicht, mehrere prägnante Beispiele zu berichten:

- Die Teilnehmenden erfahren, was mögliche Stressoren sind.
- Die Teilnehmenden erkennen sich wieder und können eigene Erfahrungen besser einordnen.
- Die Teilnehmenden können sich abgrenzen und erkennen, welche Anforderungen bei ihnen keine Stressoren darstellen.
- Die Teilnehmenden erleben, dass Stress individuell unterschiedlich ist.
- Die Teilnehmenden werden angeregt, eigene Beispiele aus ihrem (Arbeits-)Alltag zu benennen.

Die geschilderten Beispiele stellen Angebote an den Kurs dar. Sofern ausreichend Zeit zur Verfügung steht, können noch weitere Beispiele aus der Gruppe zur Reflexion der eigenen Lebenssituation genutzt werden: „Wenn Sie auf die unterschiedlichen Stressoren schauen, gibt es etwas, was Sie aus Ihrem Arbeitsalltag wiedererkennen?"

Mit der Einführung der Stressorenkategorien, der Erläuterung anhand von Beispielen sowie dem Sammeln weiterer konkreter Erfahrungen der Teilnehmenden ist die Voraussetzung für die nächste Phase geschaffen. Die Teilnehmenden werden gebeten, ihre Anforderungen auf einem *„Stressoren-Radar"* (siehe Abbildung 19) einzuordnen. Unterschieden werden berufliche und private Stressoren.

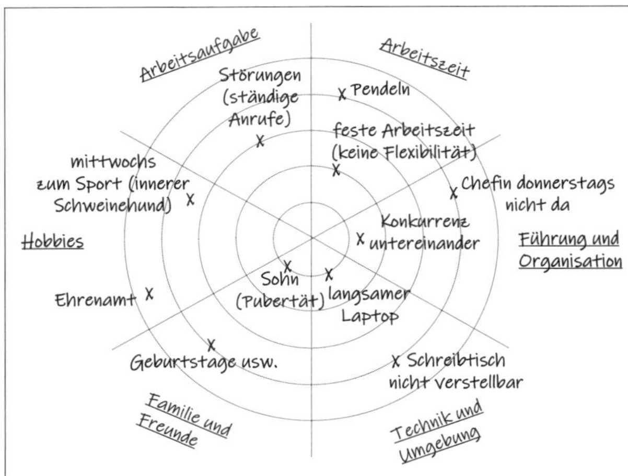

Abbildung 19: Arbeitsblatt 2.1 „Stressoren-Radar"

Ebenso werden häufig auftretende und selten auftretende Stressoren unterschieden. Diese Abgrenzungen bilden ein Vierfelder-Schema (siehe *Arbeitsblatt 2.2 „Stressanfälligkeit"*) und dienen vor allem dazu, verschiedene „Suchräume" zu aktivieren. Als eine weitere Dimension kann auf dem *Arbeitsblatt 2.1 „Stressoren-Radar"* die Nähe zu einem Mittelpunkt gewählt werden. Je zentraler ein Stressor ist, desto persönlich bedeutsamer ist er. Dies gibt die Stärke der subjektiven Beanspruchung wieder.

Mit der Übung sind idealerweise folgende Ergebnisse verbunden:

- Die Teilnehmenden reflektieren vollständig ihre Anforderungen. Ihnen wird bewusst, welche Anforderungen gleichzeitig auftreten.
- Die Teilnehmenden erkennen, welche „unnötigen Anforderungen" vorhanden sind, die sie leicht reduzieren können.
- Die Teilnehmenden erkennen, welche Anforderungen für sie weniger ins Gewicht fallen, und Stressoren, denen sie bereits gelassen begegnen.
- Die Teilnehmenden erkennen Muster, welche Anforderungen bei ihnen stark wirken.

Die interessante Frage, die sich an diese Übung anschließt, ist die, warum einige Stressoren besonders stark wirken. Unter Rückgriff auf das transaktionale Stressmodell wird nun die Bewertungskomponente wieder aufgegriffen und auf Grundannahmen als stressverstärkende innere Antreiber hingewiesen.

Innere Antreiber sind Resultat dysfunktionaler Grundannahmen, gehen jedoch darüber hinaus, indem sie inhaltliche Aspekte mit einbeziehen. Sie lassen sich durch Appelle beschreiben:

- „Sei perfekt!"
- „Sei beliebt!"
- „Sei unabhängig!"
- „Behalte die Kontrolle!"
- „Halte durch!"

Die inneren Antreiber werden oft mit Persönlichkeitsmerkmalen – insbesondere Motiven – in Verbindung gebracht (z. B. hohes Leistungsmotiv, das zu dem Anspruch führt, Arbeit in höchster Qualität abzuliefern).

Die inneren Antreiber werden exemplarisch eingeführt und anhand des *Arbeitsblattes 2.4 „Umdeuten"* (siehe Abbildung 20) in Kleingruppenarbeit auf die Stresssituationen übertragen. Dabei werden auch innere Antreiber und Glaubenssätze, die dysfunktional sind, reflektiert. Annahme ist hierbei, dass die Stressoren – durch dysfunktionale Grundannahmen wie z. B. eine Generalisierung – eine Bedrohung für die Erfüllung der mit den inneren Antreibern verbundenen Motive darstellen. Ein Fehler stellt den Anspruch an die eigene perfekte Leistung infrage. Der Streit mit den Kollegen bedroht das Bedürfnis, beliebt zu sein. Die zusätzliche Aufgabe bedroht die Unabhängigkeit. Die Ungewissheit geht mit einem Kontrollverlust einher. Die inneren Antreiber werden auf einem Handout (siehe *Arbeitsblatt 2.3 „Innere Antreiber"*) dargestellt.

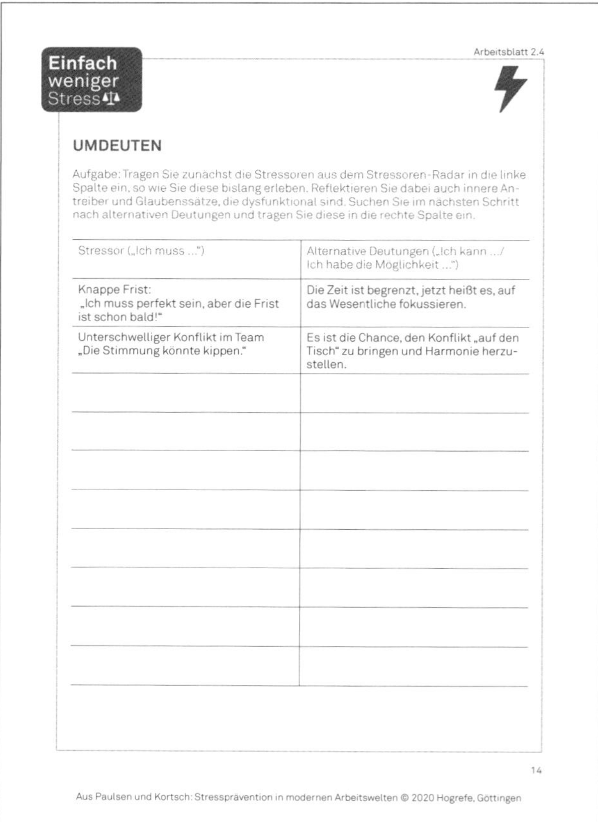

Einfach weniger Stress

Arbeitsblatt 2.4

UMDEUTEN

Aufgabe: Tragen Sie zunächst die Stressoren aus dem Stressoren-Radar in die linke Spalte ein, so wie Sie diese bislang erleben. Reflektieren Sie dabei auch innere Antreiber und Glaubenssätze, die dysfunktional sind. Suchen Sie im nächsten Schritt nach alternativen Deutungen und tragen Sie diese in die rechte Spalte ein.

Stressor („Ich muss …")	Alternative Deutungen („Ich kann …/ Ich habe die Möglichkeit …")
Knappe Frist: „Ich muss perfekt sein, aber die Frist ist schon bald!"	Die Zeit ist begrenzt, jetzt heißt es, auf das Wesentliche fokussieren.
Unterschwelliger Konflikt im Team „Die Stimmung könnte kippen."	Es ist die Chance, den Konflikt „auf den Tisch" zu bringen und Harmonie herzustellen.

14

Aus Paulsen und Kortsch: Stressprävention in modernen Arbeitswelten © 2020 Hogrefe, Göttingen

Abbildung 20: Arbeitsblatt 2.4 „Umdeuten"

6.7 Schritt 3: Ressourcen wecken

Im „Einfach weniger Stress"-Programm wird der Ressourcenperspektive eine große Bedeutung beigemessen. Insofern ist der Schritt „Ressourcen wecken" auch zentral für die *Stressprävention* in diesem Konzept. Dabei werden verschiedene Techniken der Ressourcenaktivierung thematisiert, die den Teilnehmenden eine neue Perspektive auf das Thema Stress eröffnen: Hier wird der Fokus auf die Stärken und bereits vorhandenen, erwünschten Verhaltensweisen gerichtet und damit weg vom Thema Stress.

Themen
• Einführung zum Thema Ressourcen • Traumreise • Meine Ressourcen • Techniken zur Ressourcenaktivierung • Ressourcen wecken • Wunsch-Ressourcen
Ziele
• Die Teilnehmenden können Typen von Ressourcen benennen • Die Teilnehmenden gewinnen Zugang zu positiven Erlebnissen • Die Teilnehmenden analysieren systematisch ihre Ressourcen und verschaffen sich einen Überblick • Die Teilnehmenden kennen verschiedene Techniken zur Ressourcenaktivierung • Die Teilnehmenden erproben ausgewählte Techniken und bewerten, inwieweit diese für sie geeignet sind • Die Teilnehmenden entwickeln einen Wunsch-Zustand ihrer Ressourcen
Inhalte
• Typen von Ressourcen • Metaphorischer Zugang zu Ressourcen durch eine Traumreise mit dem Fokus auf positive emotionale Genussmomente • Systematische Analyse vorhandener individueller Ressourcen, Aufdecken von Ressourcenlücken • Sammeln der Ideen der Teilnehmenden am Flipchart, Ergänzung und beispielhafte Vorführung weiterer Techniken • Die verschiedenen Techniken werden individuell durchdacht und erprobt, die Teilnehmenden gewinnen so einen Überblick über für sie potenziell geeignete Techniken, die Teilnehmenden besprechen ihre Ideen anschließend zu zweit, um ggf. weitere Ideen zu bekommen • Die Teilnehmenden nutzen das Wissen aus den vorherigen Phasen, um eine Vision ihres Ressourcen-Zustands zu entwickeln, dies kann mit Metaphern und Bildern emotional aufgeladen werden
Organisationsformen
Input durch Kursleitung, Diskussion im Plenum, Einzelarbeit, Paararbeit
Dauer
90 Minuten
Materialien
• Präsentation (Folien 20 bis 25) und/oder Flipchart • Entspannungsmusik • Instruktion „Auf zum Picknick" • Arbeitsblatt 3.1 „Auf zum Picknick" • Arbeitsblatt 3.2 „Ressourcen-Radar" • Arbeitsblatt 3.3 „Ressourcen-Wecker" • Arbeitsblatt 3.4 „Wunsch-Ressourcen"

6.7.1 Ziele

Die Phase „Ressourcen wecken" dient dazu, dass die Teilnehmenden eine ressourcenorientierte Sichtweise entwickeln. Stressbewältigung beschränkt sich damit nicht länger ausschließlich auf die Vermeidung von Stressoren und Stresserleben, sondern fokussiert ebenso die aktive Nutzung von Ressourcen als Gegengewicht zu den Stressoren.

Als Ressourcen werden alle potenziell geeigneten Mittel verstanden, die zur Bewältigung von Anforderungen und der Erzeugung von positiven Gefühlen eingesetzt werden können. Ressourcen helfen, gesetzte Ziele zu erreichen, unterstützen die persönliche Entwicklung und können die Wirkung von Stressoren abmildern (Bakker, 2011; Bakker & Demerouti, 2007). Das Erkennen und Aktivieren von physischen, psychischen und sozialen Ressourcen ist ein zentrales Ziel dieser Phase. Die Teilnehmenden sollen lernen, Techniken und Gestaltungsspielräume zu nutzen, um gezielt positive Gefühle zu erzeugen.

Die Phase „Ressourcen wecken" umfasst folgende Teilziele:

- Die Teilnehmenden können Typen von Ressourcen benennen und anhand von eigenen Beispielen illustrieren.
- Die Teilnehmenden gewinnen Zugang zu eigenen positiven Erlebnissen.

- Die Teilnehmenden analysieren systematisch ihre Ressourcen und verschaffen sich einen Überblick über vorhandene Ressourcen.
- Die Teilnehmenden lernen verschiedene Techniken kennen, um die eigenen Ressourcen zu aktivieren.
- Die Teilnehmenden erproben ausgewählte Techniken zur Ressourcenaktivierung und bewerten, inwieweit diese für sie geeignet sind.

6.7.2 Inhalte

Grundlage der Phase „Ressourcen wecken" sind Modelle zu Ressourcen und der Ressourcenaktivierung. Als *Ressourcen* werden alle potenziell geeigneten Mittel verstanden, die zur Bewältigung von Anforderungen und der Erzeugung von positiven Gefühlen eingesetzt werden können. Gemäß dem Job-Demands-Resources-Modell helfen Ressourcen, gesetzte Ziele zu erreichen, unterstützen die persönliche Entwicklung und können die Wirkung von Stressoren abmildern (Bakker, 2011; Bakker & Demerouti, 2007). Es gibt für den Bereich des Arbeitslebens stabile Befunde zu Faktoren, die positive Effekte auf die psychische Gesundheit haben. Eine Überblicksstudie der BAuA (2017) listet für folgende Ressourcen eine relativ eindeutige Befundlage auf:

1. Tätigkeitsspielraum mit seinen Komponenten Handlungs- und Entscheidungsspielraum, Aufgabenvariabilität und vollständige Arbeitsaufgaben
2. Aufgaben- und mitarbeiterorientierte Führung
3. Arbeitszeit:
   - Vorhersehbarkeit und Planbarkeit von Arbeitszeit
   - Möglichkeit zur Erholung
   - Detachment (d.h. mental Abschalten können)
   - Vereinbarungen zu Umfang und Lage der Arbeitszeit, die individuelle Belastungsgrenzen und Bedürfnisse (u.a. bestimmt durch Lebensphasen und Wünsche nach einer ausgeglichenen Work-Life-Balance) berücksichtigen
   - klare betriebliche und/oder individuelle Regelungen zu arbeitsbezogener erweiterter Erreichbarkeit

Wichtig ist dabei zu beachten, dass Ressourcen zwischen Individuen und Situationen variieren können. Auch wenn die Befunde für einen hohen Tätigkeitsspielraum auf allgemeine positive Effekte hindeuten, kann ein hoher Tätigkeitsspielraum von verschiedenen Personen unterschiedlich aufgefasst werden (vgl. Schweden, Kästner & Rau, 2019): Für eine Person kann es eine Ressource im Sinne von Entscheidungsfreiheit sein („Ich *kann* entscheiden!"), während andere den Tätigkeitsspielraum als Entscheidungslast empfinden („Ich *muss* entscheiden!"). Und selbst bei derselben Person kann die Bewertung in verschiedenen Situationen unterschiedlich ausfallen: In einer Situation kann es befreiend sein, entscheiden zu können („Jetzt kann ich endlich mal entscheiden!"), in einer anderen Situation kann es zur Belastung werden („Als hätte ich nichts anderes zu bedenken!"). So ist analog zu den Stressoren die *subjektive Bewertung* von Objekten entscheidend für die Einordnung als Ressource und Stressor.

Den Teilnehmenden wird für die Vielfalt von Ressourcen ein heuristisches Modell an die Hand gegeben. Das Modell von Fredrickson (2001, 2009) unterscheidet Ressourcen in vier Gruppen:

- physische Ressourcen (z.B. körperliche Fitness)
- intellektuelle Ressourcen (z.B. Sinn einer Tätigkeit, intellektuelle Stimulation)
- soziale Ressourcen (z.B. Unterstützung und Zuspruch aus dem Kollegium)
- psychische Ressourcen (z.B. Widerstandfähigkeit bei Misserfolgen, Vertrauen in eigene Fähigkeiten)

Dieses Modell (siehe Abbildung 21) kann den Teilnehmenden im Sinne einer Suchheuristik helfen, eigene Ressourcen zu entdecken, unterrepräsentierte Bereiche zu erkennen und gezielt Ressourcen aufzubauen.

Neben dem Verständnis von Ressourcen ist ein zweiter zentraler Inhalt der Phase „Ressourcen wecken" die Vermittlung von *Techniken zur Ressourcenaktivierung*. Einordnen lässt sich das bewusste Aktivieren von Ressourcen als eine Gestaltungskompetenz, die Menschen dazu befähigt, eigene Handlungs- und Entscheidungsspielräume zielgerichtet zum Stressmanagement zu nutzen. Arbeitspsychologische Modelle betonen gegenwärtig die Bedeutung des Job Craftings (Wrzesniewski & Dutton, 2001; vgl. Abschnitt 2.4). Beim *Job Crafting* werden Beschäftigte als aktive Akteure betrachtet, die ihre Arbeitsbedingungen beeinflussen, um eine bedeutungsvolle Arbeit zu leisten, Anforderungen zu reduzieren und Ressourcen aufzubauen. Job Crafting richtet sich auf eine Gestaltung von Aufgaben und sozialen Beziehungen sowie eigene Kognitionen (z.B. Bewertungen; siehe Tabelle 10).

Kognitives Job Crafting kommt einer kognitiven Umstrukturierung und Umdeutung sehr nahe. Damit sind konzeptionell auch Parallelen zum transaktionalen Stressmodell von Lazarus (1991; Lazarus & Folkman, 1987) gegeben. Die im transaktionalen Stressmodell beschriebenen problemzentrierten Coping-Strategien (siehe Abschnitt 2.2) können ebenfalls als Job Crafting verstanden werden. Mit Blick auf das Job-Demands-Resources-Modell (vgl. Abschnitt 2.3) umfasst Job Crafting eine Reduktion von

Tabelle 10: Dimensionen des Job Craftings (nach Wrzesniewski & Dutton, 2001) und Beispiele

Job-Crafting-Dimension	Beispiele
Aufgabenorientiert	• Ein Sachbearbeiter, der vorwiegend Routineaufgaben bearbeitet, meldet sich freiwillig zu Projektaufgaben und widmet sich diesen Tätigkeiten mehr als erwartet wird. • Eine Führungskraft, die viel Zeit in Meetings verbringt, legt die regelmäßigen Besprechungen gebündelt auf zwei Tage in der Woche, um an den restlichen Tagen auch andere Aufgaben erledigen zu können.
Beziehungsorientiert	• Drei Projektleiterinnen und -leiter treffen sich alle 14 Tage zu einer kollegialen Beratung und tauschen sich über kritische Führungssituationen aus. • Eine Sachbearbeiterin in der Verwaltung telefoniert regelmäßig einmal in der Woche mit einer Kollegin aus einer anderen Abteilung, um Schnittstellen besser zu bearbeiten.
Kognitiv	• Ein Mitarbeiter, der in der Qualitätssicherung immer wieder auf Dokumentationspflichten hinweist, die von Kollegen als lästig erlebt werden, sieht seine Arbeit als „unermüdliche Ausdauerleistung, die am Ende die ganze Mannschaft sicher und unbeschadet ins Ziel bringt". • Eine Sachbearbeiterin in der Reisekostenabteilung sieht die Arbeit als Beitrag zur Wirtschaftlichkeit des Unternehmens.

Anforderungen und den Aufbau von Ressourcen. Greifen wir das Bild der Waage auf, so besteht Job Crafting daraus, die Gewichte auf der Seite der Anforderungen zu reduzieren und Gewichte auf der Seite der Ressourcen zu erhöhen. Insgesamt erweist es sich als förderlich, wenn das Job Crafting auf den Aufbau von Ressourcen ausgerichtet ist und nicht auf den Abbau von herausfordernden Anforderungen (Lichtenthaler & Fischbach, 2019; siehe auch Abschnitt 2.4). Umgangssprachlich und überspitzt dargestellt, sollten sich Beschäftigte bei der Arbeit nicht in ihr eigenes Schneckenhaus verkriechen und versuchen, so die Arbeitsbelastung zu minimieren, sondern Arbeit eher als Herausforderung betrachten und die notwendigen Ressourcen beschaffen. Eine noch umfassendere Typisierung von Job-Crafting-Arten, die für den Trainingskontext oft jedoch zu komplex ist, findet sich ebenfalls in Abschnitt 2.4 (siehe Tabelle 1). Für Trainings ist es hier sinnvoll, eine didaktische Reduzierung zu wählen.

Im Job-Demands-Resources-Modell werden Ressourcen als Gegengewicht zu Anforderungen gesehen. Wem es gelingt, Ressourcen zu aktivieren, der schützt sich vor Stress. Je höher die Anforderungen, desto mehr Ressourcen werden benötigt. Ressourcen werden jedoch nicht nur gegen Stress gebraucht, sie können auch *ver*braucht werden. Eine Pflegekraft, die körperlich fit ist, wird mit zunehmendem Alter vermutlich nicht mehr uneingeschränkt auf diese physische Ressource zurückgreifen können. Gleiches gilt für psychische Ressourcen. Wer sich im Arbeitsleben beansprucht, der verbraucht Ressourcen und braucht *Erholung*, um die verbrauchten Ressourcen wieder aufzufüllen. Übertragen gesagt ist der Akku leer und muss aufgeladen werden.

Theoretisch wird dies etwa durch das „Effort-Recovery-Modell" (Meijman & Mulder, 1998) postuliert. Dieses besagt, dass körperliche und mentale Anstrengung durch Erholung kompensiert werden können. Ohne Erholung kumulieren sich hingegen die Folgen der Beanspruchung. Strategien, die der Erholung dienen, sind daher hilfreich, um Ressourcen zu aktivieren und den Akku wieder aufzuladen. Hierzu zählen beispielsweise Strategien des „angenehmen Erlebens", des „Entspannens" und des „Positiven Denkens" (Clauß, Hoppe, Schachler & Dettmers, 2016). *Angenehmes Erleben* kann beispielsweise auf sinnliche Erfahrungen wie das bewusste Genießen ausgerichtet sein. *Entspannen* wird beispielsweise durch das Herbeiführen eines wachen Zustandes mit moderater Aktivität ohne Hektik erzeugt. *Positives Denken* umfasst das Reflektieren von freudigen Momenten, das Nutzen von Misserfolgen und Rückschlägen als Lerngelegenheit sowie das bewusste Sinnstiften in der eigenen Tätigkeit.

Für Kurse ist es ferner hilfreich, *Beispiele für Ressourcenaktivierung* anzubieten. Oft wünschen sich Teilnehmende hier ganz einfache praktische Tipps. Hierzu kann auf verschiedene Methoden und Techniken zurückgegriffen werden, die wiederum auf verschiedenen psychologischen Modellen wie der Broaden-and-Build-Theorie positiver Emotionen (Fredrickson, 2001; vgl. Abschnitt 2.4), dem Stressor-Detachment-Modell (Sonnentag & Fritz, 2015) oder der sozial-kognitiven Lerntheorie (Bandura,

Tabelle 11: Liste von Ressourcenaktivierungstechniken

Strategie	Beispiele
Angenehmes erleben und bewusstes Genießen	• Ein Bad nehmen und genießen • Nachmittags den Kaffee genießen • Einen Spaziergang nach der Mittagspause machen
Reaktivierung positiver Erinnerungen	• Bewusstes Erinnern, z.B. einen Urlaub • Erinnerungsstücke aufbewahren • Erinnerungen niederschreiben • Erinnerungen teilen und erzählen
Entspannen	• Morgens bei einem Kaffee aus dem Fenster schauen • Abends ein Buch lesen
Positives Denken und Umdeuten	• Das, was Spaß macht, reflektieren • Misserfolge als Lernchance reinterpretieren • Sinn der eigenen Arbeit sehen
Kleine Fortschritte feiern	• Erfolge aufschreiben • Sich für kleine Erfolge belohnen • Erfolge mit anderen feiern
Stärken denken	• Sich seiner Stärken bewusst machen • Vergangene Erfolgserlebnisse ins Gedächtnis rufen • Andere Personen nach eigenen Stärken fragen
Etwas wertschätzen und anerkennen	• Bewusst notieren, wofür man am Tag dankbar ist • Anderen Geschenke machen und Dankbarkeit ausdrücken
Realität annehmen	• Von unerreichbaren Zielen loslassen • Fokussierung auf den eigenen Handlungsspielraum • Prozessziele statt Ergebnisziele setzen
Hier-und-Jetzt-Denken	• Fokussierung auf das „Wie etwas ist" statt auf drohende Konsequenzen • Bewusstes Wahrnehmen von Details in der Umwelt
Planen	• Planen angenehmer Ereignisse • Problemlösen • Vorwegnehmen von Barrieren
Soziale Unterstützung	• Austausch mit anderen einplanen • Netzwerk visualisieren • Gelegenheiten für Kontakte schaffen und wahrnehmen
Herausfordernde Aufgaben in der Freizeit mit Lerngelegenheit	• Ambitionierter Sport • Reisen und Wanderungen • Ehrenamtliche Tätigkeit

1977) beruhen. Die *Broaden-and-Build-Theorie* betont die Rolle positiver Gefühle für die Entstehung von Ressourcen und postuliert Aufwärtsspiralen. Das *Stressor-Detachment-Modell* betont die Rolle mentaler Distanzierung (Detachment) für den Erholungsprozess und die *sozial-kognitive Lerntheorie* die Rolle von Erfahrungen für die Entstehung von bedeutenden psychologischen Ressourcen wie Selbstwirksamkeit. In Tabelle 11 ist eine (nicht erschöpfende) Liste von verschiedenen Ressourcenaktivierungstechniken dargestellt, die Teilnehmenden als Anregung dienen kann.

6.7.3 Vorgehen

In dieser Phase liegt der Fokus darauf, Wissen über Ressourcen zu vermitteln und dieses direkt an die Lebenswelt der Teilnehmenden anzuknüpfen. Um den Fokus der Teilnehmenden von den Stressoren aus der vorherigen Phase auf ein ressourcenorientiertes Denken zu lenken, findet die Einstimmung in die Phase über eine Traumreise statt. Hierfür wird Entspannungsmusik benötigt, die man beispielsweise über das Smartphone und passende Lautsprecherboxen abspielen kann. Es bietet sich deshalb vor dieser Phase eine Pause an, in der die Kursleitung bereits

Entspannungsmusik vorbereiten kann und soweit möglich eine etwas gemütlichere Atmosphäre herstellt (z. B. Sitzkissen oder Matten als alternative Sitzmöglichkeiten bereitstellen). Nach dem Zurückkommen der Teilnehmenden aus der Pause sollen sich alle zunächst einen gemütlichen Platz suchen.

Als Einstieg kann eine kurze thematische *Einführung in das Thema Ressourcen* stattfinden und ein Überblick über die nächste Phase gegeben werden. Dabei kann bereits das Thema „Typisierung von Ressourcen" (s. u.) angesprochen werden. Danach sollen die Teilnehmenden eine für sich bequeme Haltung finden. Für auf einem Stuhl Sitzende hat sich bewährt, dass im Sitzen parallel stehende Beine im schulterbreiten Abstand mit auf den Oberschenkeln abgelegten Händen gut funktionieren. Jede andere bequeme Position ist natürlich ebenso erlaubt. Begleitet von der Entspannungsmusik liest die Kursleitung die *Traumreise* (siehe Instruktion „Auf zum Picknick") in langsamer Geschwindigkeit vor, sodass die Teilnehmenden die Möglichkeit haben, innere Bilder entstehen zu lassen (z. B. nach jedem Satz zwei Atemzüge Pause machen). Wichtig ist, eine gewährende Sprache („du kannst neugierig sein ...", „wenn du willst, beobachte/setze/stelle/lege ...") anstelle des Imperativs („sei neugierig ...", „beobachte/setze/stelle/lege ...") zu nutzen, um den Teilnehmenden die Freiheit zu geben, eigene Bilder entstehen zu lassen. Durch Erhöhen der Sprechlautstärke und Verringern der Lautstärke der Musik können die Teilnehmenden am Ende wieder ins „Hier und Jetzt" zurückgeholt werden.

Instruktion: Traumreise „Auf zum Picknick"

Nimm eine gemütliche Position ein, am besten im Sitzen. Stelle beide Füße etwa schulterbreit nebeneinander. Lege die Arme auf deine Oberschenkel. Wenn du magst, schließe die Augen.

Geh nun in dich. Nimm einen tiefen Atemzug und spüre, wie der Atem durch deinen Körper fließt. Folge dem Rhythmus deines Atems. Langsam wirst du immer ruhiger.

Du bist nun gut vorbereitet, um heute ein Picknick zu machen. Du kannst es dir richtig schön machen. Du allein kannst bestimmen, wo es stattfindet. Wann es stattfindet. Was gegessen und getrunken wird. Und wer mitkommt.

Du kannst an den Schrank gehen: Was möchtest du mitnehmen? Was schmeckt dir besonders gut? Was macht dich glücklich? Was möchtest du trinken? Was essen? Worauf möchtest du sitzen? Eine Decke? Ein Liegestuhl? Was brauchst du sonst noch? Musik? Ein Buch? Was gehört für dich dazu? Was versetzt dich in gute Picknick-Stimmung? Hast du alles Wichtige zusammen?

Du kannst nun deine Sachen nehmen. Du gehst an deinen Lieblingsort. Dorthin, wo du dich wohlfühlst. An welchem schönen Ort soll das Picknick stattfinden? Was ist dort so besonders? Nehme den Ort wahr. Was siehst du? Was hörst du? Was riechst du? Wie fühlt sich der Boden an? Du kannst es dir dort gemütlich machen. Du kannst es dir schön machen.

Du kannst deine Sachen ausbreiten, so wie du es magst. Wie ist es? Was siehst du? Was riechst du? Was hörst du? Was ist sonst noch da?

Es ist ein schöner Tag. Es ist genau so, wie du es gern magst. Wie ist es dort? Spürst du das Wetter auf deiner Haut?

Du kannst den Tag dort so gestalten, wie es dir gefällt. Was machst du jetzt? Wer ist bei dir? Wohin schaust du? Nimm den Moment wahr. Was macht den Moment besonders? Du kannst den Moment nochmal richtig genießen. Mit allen Sinnen genießen. Du kannst dir dafür Zeit nehmen. *[Pause: hier ruhig einige Minuten warten und die Bilder sich entwickeln und wirken lassen]*

Es ist schon spät. Du kannst allmählich aufbrechen und deine Sachen packen. Du kannst dich noch einmal umschauen. Du kannst eine Kleinigkeit mitnehmen. Als kleine Erinnerung an diesen schönen Tag. Stecke sie mit zu deinen Sachen. Und du kannst dir diesen Platz merken. Merken, damit du jederzeit zurückkommen kannst. Du kannst dich nun aufmachen.

Allmählich kannst du zurückkommen. Du kannst deinen Atem spüren. Wie er immer tiefer wird. Wenn du so weit bist, kannst du deine Augen öffnen. Du kannst dich nun strecken und wieder ganz ankommen.

Im Anschluss sollen die Teilnehmenden auf dem *Arbeitsblatt 3.1 „Auf zum Picknick"* die inneren Bilder kurz skizzieren oder notieren, um diese Gedanken festzuhalten.

Nach der Traumreise wird die *Typisierung von Ressourcen* nach Fredrickson (2001) als heuristisches Modell erneut aufgegriffen. Dieses Modell kann als Schaubild wie in Abbildung 21 beispielsweise auf einem Flipchart visualisiert werden oder die auf der CD-ROM verfügbaren Präsentationsfolien können genutzt werden. Mit den Teilnehmenden sollten die vier Kategorien durchgegangen werden, da die Kategorien intellektuelle und psychische Ressourcen oft als nicht so trennscharf erlebt werden. Hier kann darauf hingewiesen werden, dass psychische Ressourcen sich auf vorhandene (eher stabile) Persönlichkeitsmerkmale beziehen (z. B. Optimismus, Extraversion), während intellektuelle Ressourcen sich auf die (eher steuerbaren) kognitiven Merkmale beziehen (z. B. Problemlösefähigkeit, Wissensbestände, umfangreiche Lernerfahrungen).

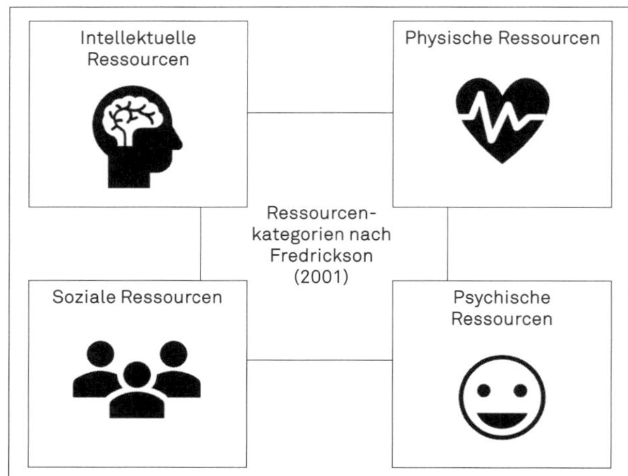

Abbildung 21: Schaubild zu den Ressourcenkategorien nach Fredrickson (2001)

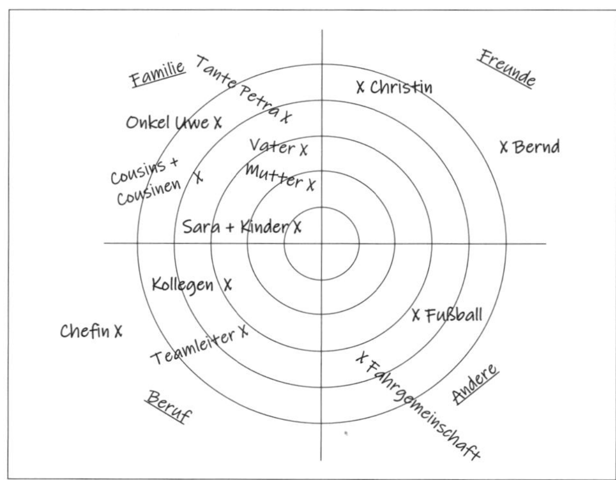

Abbildung 22: Ressourcen-Radar eines Teilnehmers. Im Bereich „Freunde“ sind nur zwei nicht so enge Freunde zu finden. Hier könnte man den Teilnehmer anregen, weiter zu überlegen.

Aufgrund dieses Modells oder auch anderer Kategorien sollen die Teilnehmenden nun zunächst in Einzelarbeit ihre eigenen Ressourcen auf dem *Arbeitsblatt 3.2 „Ressourcen-Radar“* notieren und einordnen. Dabei können beispielsweise die Gedanken aus der Traumreise genutzt werden, da hier oft weitere Ressourcen entdeckt werden. Neben der Einordnung in die Kategorien können die Teilnehmenden die Bedeutsamkeit dieser Ressourcen einschätzen. Bedeutsamkeit kann dabei individuell ganz unterschiedlich gewichtet werden, beispielsweise gemessen an der Häufigkeit, mit der man auf die Ressourcen zurückgreift (im Sinne praktischer Bedeutsamkeit) oder anhand der emotionalen Bedeutung. Zum Beispiel wäre die Erinnerung an die Geburt des eigenen Kindes zwar ein seltenes, aber emotional sehr bedeutsames Erlebnis. Die Erinnerung daran könnte eventuell in vielen Stresssituationen hilfreich sein. Teilnehmende finden es oft leichter, soziale Ressourcen besonders in den Blick zu nehmen. Dann kann es sich alternativ zu der Typisierung nach Fredrickson (2001) auch anbieten, die Quadranten im Ressourcen-Radar beispielsweise in Familie, Freunde, Beruf und Sonstiges einzuteilen. Daher ist das Arbeitsblatt Ressourcen-Radar bewusst nicht beschriftet, um gut auf die Teilnehmenden eingehen zu können.

Nach der Einzelarbeit findet in Paararbeit ein Austausch über das eigene Ressourcen-Radar statt, in dem mögliche Lücken im Ressourcen-Radar thematisiert werden und gegenseitige Anregungen stattfinden können (siehe das Beispiel in Abbildung 22). Im Plenum werden zum Schluss exemplarisch zwei bis drei Ergebnisse vorgestellt, damit alle Teilnehmenden nochmals weitere Ideen bekommen können.

Dieses Verständnis über die eigenen Ressourcen bildet die Basis für die anschließende Vermittlung von *Techniken zur Ressourcenaktivierung*. Dieser Schritt wird eingeleitet, indem die Teilnehmenden nach eigenen Erfahrungen gefragt werden, wie es ihnen gelungen ist, eigene Ressourcen zu aktivieren. Eine mögliche Impulsfrage ist: „Wann ist es Ihnen in stressigen Situationen gelungen, ruhig zu bleiben? Wie haben Sie dies erreicht?“

Die Beispiele der Teilnehmenden werden am Flipchart gesammelt und bilden den Ausgangspunkt für die Vorstellung weiterer Techniken. Die Teilnehmenden erhalten im *Arbeitsblatt 3.3 „Ressourcen-Wecker“* (siehe Abbildung 23) eine Liste, die als Inspiration dient, wie man Ressourcen aktivieren kann. Anschließend werden die Teilnehmenden dazu aufgefordert, zunächst selbst zu überlegen, welche Techniken von dem Handout sie bereits angewendet haben oder anwenden würden. Es empfiehlt sich, die Teilnehmenden diese Techniken anschließend in Tandems oder Kleingruppen besprechen zu lassen. Leitfragen können sein: „Welche Techniken werden genutzt?“ „Welche Techniken eignen sich für welche Ressourcen?“

Im Anschluss können Techniken angewendet werden, die leicht demonstrierbar und für die Teilnehmenden nachvollziehbar sind. Einfach kann beispielweise das bewusste Atmen im Plenum ausprobiert werden. Alternativ sind persönliche Anekdoten zu eigenen Erfahrungen oder Praktiken immer sehr anschaulich. Dabei können von der Kursleitung dann Unterschiede zwischen den verschiedenen Techniken herausgestellt werden. Nicht jede Technik wird zu jeder Ressource passen (z.B. passt die Technik „Durchatmen“ nicht zu den sozialen Ressourcen wie Familie und Freunden, „Gespräche und Austausch“ hingegen schon). Deshalb sollte ein besonderes Augenmerk darauf gelegt werden, welche Technik für welche der eigenen Ressourcen besonders hilfreich

Einfach weniger Stress

Arbeitsblatt 3.3

RESSOURCEN-WECKER

Unsere Ressourcen sind in und um uns. Wir können jedoch nicht immer auf sie zugreifen. Es gibt verschiedene Techniken, wie man seine Ressourcen aktivieren und nutzen kann:

Gespräche und Austausch	Immer wieder ist zu beobachten, dass Menschen bei Stress soziale Kontakte meiden. Dabei können Gespräche mit anderen Menschen eine wichtige Ressource sein. Im Austausch gelingt oft ein Perspektivenwechsel oder es gibt eine Neubewertung der Situation wie beispielsweise eine Relativierung.
Soziale Netzwerke visualisieren und aktivieren	Wir Menschen leben nicht alleine, sondern haben in verschiedenen Lebenswelten (Arbeit, Familie, Freizeit) Netzwerke, die uns unterstützen und eine Quelle für positive Erlebnisse sind. Dieses Netzwerk lässt sich leicht visualisieren und Kontakte so bewusst aktivieren.
Durchatmen und Atem bewusst wahrnehmen	Stress macht sich im Körper bemerkbar, oft verlieren wir jedoch ein Gefühl für unseren Körper. Durch bewusstes Wahrnehmen des eigenen Atems kann ein Gefühl der Entspannung erzeugt und Abstand vom aktuellen Geschehen gewonnen werden.
Entspannungstechniken	Durch Stress sowie Belastungen im Alltag spannt sich oft die Muskulatur an. Unterschiedliche Bereiche – häufig Stirn, Nacken, Schultern und Rücken – sind betroffen. Es gibt verschiedene Verfahren, von der Progressiven Muskelentspannung nach Jacobson bis hin zu einzelnen Übungen zur bewussten Entspannung. Dabei werden zunächst Muskelpartien angespannt und dann bewusst entspannt und das Gefühl der Entspannung beobachtet.
Annehmen der „Realität“	Diese mentale Strategie dient dazu, Dinge anzunehmen, so wie sie sind, statt mit ihnen zu hadern oder sich darüber zu ärgern (Kaluza, 2018). Es wird ein sachlicher Blick auf den Nutzen von negativen Gefühlen in Situationen, die wenig veränderbar sind, gerichtet: Bringt es etwas, sich aufzuregen? Welche Vorteile hat es, mit der Situation zu hadern, wenn sie kaum veränderbar ist? Im Ergebnis kann mehr Gelassenheit entstehen.

17

Aus Paulsen und Kortsch: Stressprävention in modernen Arbeitswelten © 2020 Hogrefe, Göttingen

Abbildung 23: Arbeitsblatt 3.3 „Ressourcen-Wecker“ (Seite 1)

ist. Auf dem *Arbeitsblatt 3.4 „Wunsch-Ressourcen“* wird dokumentiert, welche Ressourcen durch welche Techniken wieder aktiviert werden sollen. Damit ist die nächste Phase „Umsetzung planen“ bereits vorbereitet.

6.8 Schritt 4: Umsetzung planen

6.8.1 Ziele

Themen

- Pläne erstellen
- Veränderungsbedarf bestimmen
- Konkrete Veränderungssituation
- Veränderung planen
- Realitätscheck

Ziele

- Die Teilnehmenden erkennen die Bedeutung der Planung für neue Gewohnheiten
- Die Teilnehmenden bewerten ihre Stressoren hinsichtlich des Veränderungsbedarfs und wählen zu reduzierende Stressoren aus
- Die Teilnehmenden beschreiben konkrete Stresssituationen innerhalb der nächsten sechs Wochen und wählen dazu passende Ressourcen aus
- Die Teilnehmenden entwickeln konkrete Handlungsschritte, in denen die Ressourcen in der gewählten Situation genutzt werden
- Die Teilnehmenden erkennen die Bedeutung von adaptiven Plänen

Inhalte

- Die Kursleitung vermittelt die Bedeutung von konkreten Plänen für Veränderungen und weist auf wesentliche Elemente hin
- Individuelle Bewertung von Stressoren hinsichtlich ihres Veränderungsbedarfs und der Veränderbarkeit, Auswahl auf Basis der Kriterien
- Für zu reduzierende Stressoren werden konkrete Stresssituationen innerhalb der nächsten sechs Wochen beschrieben, dazu passende Ressourcen werden aus dem individuellen Ressourcenpool ausgewählt
- Es werden konkrete Handlungsschritte für die gewählte Situation geplant, dabei soll die Nutzung der Ressourcen fokussiert werden, durch die Diskussion in der Gruppe und dem Plenum werden weitere Ideen gesammelt
- Im Plenum wird diskutiert, welche unvorhergesehenen Hindernisse bei der Umsetzung auftreten können

Organisationsformen

Input durch Kursleitung, Diskussion im Plenum, Einzelarbeit, Gruppenarbeit

Dauer

45 Minuten

Materialien

- Präsentation (Folien 26 bis 27) und/oder Flipchart
- Arbeitsblatt 4.1 „Stress angehen“

Die Phase „Umsetzung planen“ dient dazu, dass die Teilnehmenden sich für ihre Lebenswelt einen konkreten Plan für die nächsten sechs Wochen erarbeiten, wie sie gezielt ausgewählte Anforderungen reduzieren und gewünschte Ressourcen wecken und aufbauen können. Die Teilnehmenden sollen das in den vorherigen Phasen gelernte Wissen in einen zeitlich-organisationalen Anwendungsbezug stellen. Zudem soll auf ausgewählte, relevante und veränderbare Stressoren und dazu passende Ressourcen fokussiert werden.

Die Phase „Umsetzung planen" umfasst folgende Teilziele:

- Die Teilnehmenden bewerten Anforderungen hinsichtlich ihrer Stressrelevanz und wählen relevante, spezifische Anforderungen aus, die sie bewältigen wollen.
- Die Teilnehmenden analysieren für die gewählten Anforderungen typische konkrete Stresssituationen, die innerhalb der nächsten sechs Wochen wahrscheinlich auftreten werden und entwickeln Strategien zum Umgang mit diesen.
- Die Teilnehmenden wählen passende Ressourcen aus, die helfen, Stress in den konkreten Stresssituationen zu reduzieren und allgemein den Anforderungen zu begegnen.
- Die Teilnehmenden entwickeln einen Maßnahmenplan mit konkreten Schritten zur Bewältigung von Anforderungen und dem Aufbau von Ressourcen in den nächsten Wochen.

6.8.2 Inhalte

Inhalt dieser Phase ist eine Fokussierung auf relevante Anforderungen, für die ein Umsetzungsplan erarbeitet wird. Hierzu greifen die Teilnehmenden auf das in den vorherigen Phasen gelernte Wissen zurück. So werden potenziell stressauslösende Gedanken wie bestimmte Grundannahmen oder die Aktivierung von Antreibern in konkreten Situationen vorweggenommen und eine funktionale sowie dysfunktionale Stressreaktion antizipiert. Für die jeweilige Situation werden vorhandene Ressourcen reflektiert und neue Ressourcen erschlossen, die Stress reduzieren und Gelassenheit fördern können.

Theoretisch lässt sich hier auf das *Rubikon-Modell der Handlungsphasen* von Heckhausen und Gollwitzer (1987) Bezug nehmen (siehe Kasten). Die Teilnehmenden sollen für den Transfer in den Alltag Handlungsabsichten bilden und Handlungen planen.

Rubikon-Modell

Das Rubikon-Modell der Handlungsphasen von Heckhausen und Gollwitzer (1987) beschreibt vier grundlegende Phasen im Handlungsverlauf: Die Phase des Abwägens, des Planens, des Handelns und des Bewertens. Der Name Rubikon geht auf ein historisches Ereignis im alten Rom im Jahr 49 vor Christus zurück. Damals hatte Gaius Julius Caesar als Feldherr mit seinen Truppen den Fluss namens Rubikon überquert. Mit Überschreitung des Rubikon traf er die Entscheidung, in den Bürgerkrieg gegen Pompeius zu treten. Im Rubikon-Modell entspricht der Übergang von der Phase des Abwägens zu den Phasen des Planens und der Vorbereitung einer Handlung, also der Bildung von Handlungsabsichten, und damit dem Überschreiten des Rubikons.

Die Phase des *Abwägens* ist motivational und damit vom Wünschen geprägt. Es werden z. B. Vor- und Nachteile von potenziellen Handlungsergebnissen und deren mögliche Folgen abgewogen sowie überlegt, wie wahrscheinlich Handlungsergebnisse durch Handeln erreicht werden können. Die beiden nachfolgenden Phasen des *Planens* und *Handelns* sind hingegen volitional, also vom Willen geprägt. Die Handlungsvorbereitung und -durchführung müssen möglichst gegenüber äußeren (z. B. Kritik von außen, ungünstige Rahmenbedingungen) und inneren Widerständen (z. B. Zweifel, Lustlosigkeit) abgeschirmt werden und trotz dieser Barrieren vollzogen werden. Die letzte Phase der *Reflexion* ist wiederum motivational geprägt. Hier werden rückblickend Handlungsergebnisse und -folgen bewertet und wenn das Ziel erreicht ist, die Handlungsabsicht „deaktiviert". Es folgt also eine Ablösung vom Handlungsziel.

Das Rubikon-Modell beschreibt einen *idealtypischen Verlauf* von Handlungen. In der Praxis kann es sein, dass Handlungen in einer Phase „stecken bleiben". Zum Beispiel verharren viele möglicherweise in der Phase des Abwägens. Es wird keine Entscheidung für oder gegen ein Vorgehen getroffen, keine Absicht bzw. kein konkretes Ziel entwickelt und letztendlich nicht gehandelt. Auch kann es vorkommen, dass eine Handlung geplant, jedoch nicht ausgeführt wird. Hier ist das Problem, dass eine Handlungsabsicht nicht realisiert wird. Hilfreich hierfür ist die Bildung von *Vorsätzen*, die die Ausführungsbedingungen spezifizieren (vgl. Kasten „Implementation Intentions" auf Seite 53).

Die Handlungsphasen sind im Idealfall auch durch verschiedene *mentale Zustände* gekennzeichnet, die dazu beitragen, dass die mit der Phase verbundenen Aufgaben des Abwägens, Planens, Durchführens oder Reflektierens besser ausgeführt werden. Es wird auch von „cognitive tuning" (Gollwitzer, Heckhausen & Steller, 1990) gesprochen. In experimenteller Variation der Phasen zeigt sich, dass Personen in der Phase des Abwägens mehr über den Nutzen und in der Phase des Durchführens mehr über die Durchführung nachdachten (Gollwitzer et al., 1990). Ferner zeigt sich beispielsweise, dass Personen in einem mentalen Zustand der Ausführung („implemental mind-set") eine höhere Kontrollüberzeugung und eine höhere Beharrlichkeit aufwiesen sowie selektiver für die Ausführung relevanter Informationen waren (Beckmann & Gollwitzer, 1987) als in einem mentalen Zustand des Abwägens („deliberative mind-set"; vgl. hierzu zusammenfassend Achtziger & Gollwitzer, 2010).

Teilnehmende im Kurs möchten in der Regel etwas gegen Stress tun. Sie haben eine Absicht getroffen, die beispielsweise auch zu der Kursteilnahme führt. Stressmanagement setzt jedoch auch ein entsprechendes Handeln im Alltag voraus. Hier besteht die Gefahr, dass Teilnehmende einen Wunsch hegen, jedoch keine Absichten und Ziele treffen. Sie treten nicht in eine Phase des Planens, geschweige denn Handelns, über. Den Teilnehmenden das Rubikon-Modell bewusst zu machen, verdeutlicht typische Herausforderungen im Handlungsverlauf.

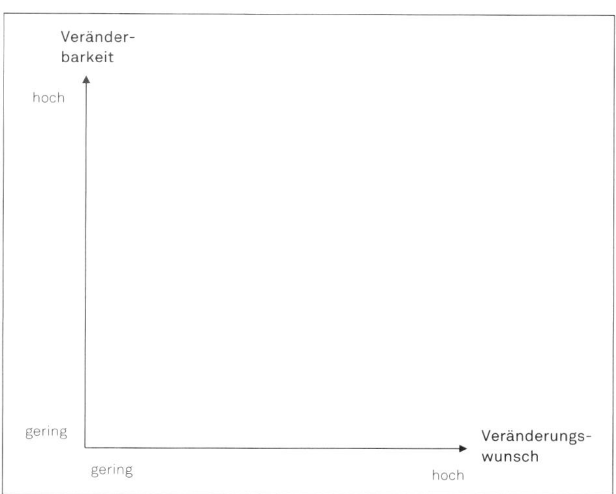

Abbildung 24: Flipchart „Veränderung beginnen"

6.8.3 Vorgehen

Zu Beginn erfolgt eine kurze Erläuterung des Rubikon-Modells der Handlungsphasen. Der erste Schritt in dieser Phase besteht darin, dass die Teilnehmenden sich auf wesentliche, zentrale Anforderungen fokussieren. Hierzu kann auf das *Arbeitsblatt 2.1 „Stressoren-Radar"* (siehe Abbildung 19 auf Seite 42) zurückgegriffen werden. Die Teilnehmenden sollen diese Stressoren nun hinsichtlich ihres Veränderungswunsches und der Veränderbarkeit einteilen. Konkret sollen die Teilnehmenden die verschiedenen Stressoren jeweils danach bewerten, wie dringend sie den Stressor reduzieren möchten *(Veränderungsbedarf)* und für wie realistisch sie es halten, daran etwas zu verändern *(Veränderbarkeit)*. Optional können die Stressoren auch in einem Diagramm mit den Achsen „Veränderbarkeit" und „Veränderungswunsch" und den Ausprägungen „gering" bis „hoch" eingetragen werden, das auf einem Flipchart visualisiert werden kann (siehe Abbildung 24). Anschließend sollen die Teilnehmenden eine Situation auswählen, für die sie beispielhaft eine Veränderung planen möchten.

Die Empfehlung ist hier, Situationen auszuwählen, die im mittleren Bereich liegen. Damit sind Situationen gemeint, bei denen der Veränderungswunsch und die Veränderbarkeit eine mittlere Ausprägung haben. Der Grundgedanke dahinter ist, dass dieses Vorgehen dafür sorgt, dass nicht zu leichte und nicht zu schwere „Aufgaben" herausgesucht werden. Gelingt es den Teilnehmenden, gute Pläne für diese mittelschweren Aufgaben zu entwickeln, sollte die Selbstwirksamkeit gesteigert werden und die Teilnehmenden können das Vorgehen auch auf andere Situationen übertragen. Insbesondere können sie das Vorgehen auf Stressoren, bei denen ein hoher Veränderungswunsch besteht und gleichzeitig die Veränderbarkeit als hoch eingeschätzt wird, übertragen. In Einzelfällen kann es jedoch vorkommen, dass bei den Teilnehmenden einige Themen so relevant sind, dass sie anhand anderer Kriterien die Situation auswählen. Hier ist es hilfreich, mit den Teilnehmenden mitzugehen.

Gelegentlich kann es vorkommen, dass es den Teilnehmenden ad hoc schwerfällt, einzelne Situationen herauszugreifen. In diesen Fällen hilft es, die Teilnehmenden durch Fragetechniken zu lenken:

- „Was sind deine Ziele für die nächsten sechs Wochen?"
- „Welche Aufgaben sollst du meistern?"
- „Was steht dir im Weg?"

Oft reicht dies aus, damit die Teilnehmenden eine Idee von künftigen Stressoren erhalten.

Im folgenden Schritt geht es darum, dass die Teilnehmenden sich *konkrete Situationen* gedanklich ausmalen, die stressauslösenden Faktoren hierfür antizipieren und mögliche Reaktionen sowie nützliche Ressourcen, die bereits vorhanden sind, reflektieren. Hierzu dient das *Arbeitsblatt 4.1 „Stress angehen"* (siehe Abbildung 25). Grundsätzlich können die Teilnehmenden das Arbeitsblatt eigenständig bearbeiten. Je nach Situation und Setting kann es aber erforderlich oder zumindest hilfreich sein, die Teilnehmenden stärker bei der Bearbeitung zu begleiten. Dies kann sich auf einzelne Teilnehmende beziehen; ein schrittweises Vorgehen bei der Bearbeitung der Arbeitsblätter kann jedoch für eine Gruppe ebenfalls förderlich sein.

Um die Situationen möglichst lebendig zu machen, kann die Kursleitung die Teilnehmenden bitten, die Situation wie im Film zu beschreiben. Typischerweise wird eine unterschiedliche Bandbreite von Situa-

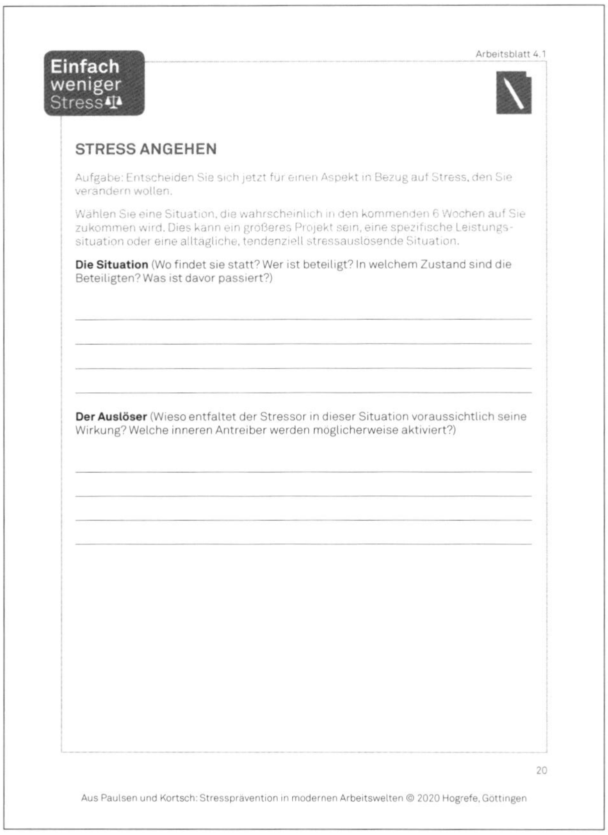

Arbeitsblatt 4.1

Einfach weniger Stress

STRESS ANGEHEN

Aufgabe: Entscheiden Sie sich jetzt für einen Aspekt in Bezug auf Stress, den Sie verändern wollen.

Wählen Sie eine Situation, die wahrscheinlich in den kommenden 6 Wochen auf Sie zukommen wird. Dies kann ein größeres Projekt sein, eine spezifische Leistungssituation oder eine alltägliche, tendenziell stressauslösende Situation.

Die Situation (Wo findet sie statt? Wer ist beteiligt? In welchem Zustand sind die Beteiligten? Was ist davor passiert?)

Der Auslöser (Wieso entfaltet der Stressor in dieser Situation voraussichtlich seine Wirkung? Welche inneren Antreiber werden möglicherweise aktiviert?)

20

Abbildung 25: Arbeitsblatt 4.1 „Stress angehen" (Seite 1)

tionen genannt: belastendende Interaktionen mit Kolleginnen und Kollegen oder Vorgesetzten (z.B. Arbeitsaufträge, Bitten, Konflikte), anstehende Prüfungssituationen (z.B. Präsentationen beim Kunden), Termindruck (z.B. anstehender Projekt- oder Quartalsabschluss) oder Streitigkeiten in der Familie. Hilfreich kann es sein, die Teilnehmenden zu unterstützen und durch Fragen zu versuchen, die Situation zu erfassen und detailliert zu beschreiben. Wenn Zeit und Raum sind, kann hier das *VAKOG-Schema* (siehe Kasten) helfen, um zusätzlich eine plastische, alle Sinne ansprechende Vorstellung aus einer Innenperspektive hervorzurufen, die der Beobachterperspektive gegenübergestellt wird. Weitere Spielarten können darin bestehen, die Film-Metapher aufzugreifen und die Teilnehmenden zu bitten, Situationen im Kopf immer wieder durchzuspielen und dabei zu variieren: im Farbfilm oder als Schwarz-Weiß-Film, im Zeitraffer oder in Zeitlupe, ohne Ton oder mit musikalischer Untermalung.

VAKOG-Schema

Das Akronym VAKOG steht für die Sinnesmodalitäten *visuell, akustisch, kinästhetisch, olfaktorisch* und *gustatorisch* und geht zurück auf Bandler und Grinder (1975; Grinder, DeLozier & Bandler, 1977; vgl. Peter, 2015). Bandler und Grinder interessierten sich unter anderem für die Hypnotherapie nach Milton H. Erickson und analysierten seine Arbeitsweise. Sie arbeiteten heraus, dass Erickson in seinen Therapien oft die fünf Sinnesmodalitäten seiner Klientinnen und Klienten ansprach, um deren Erfahrungen zu vertiefen. Dem VAKOG-Schema folgend kann man mit entsprechenden Fragen die Erlebnisse wecken: „Was sehen Sie? Was hören Sie? Was spüren Sie? Was riechen Sie? Was schmecken Sie?" (siehe auch die Instruktion der Traumreise „Auf zum Picknick" in Abschnitt 6.7.3).

Theoretisch lässt sich das Ansprechen von sinnlichen Wahrnehmungen als eine Reduktion psychologischer Distanz nach der *Construal-Level-Theorie of Psychological Distance* (Trope & Liberman, 2010) beschreiben. Statt abstrakte Sprache zu benutzen, werden konkrete, sehr situationsspezifische Erinnerungen oder Vorstellungen erfasst, die in der Folge psychologisch näher erscheinen.

Hierbei sollte beachtet werden, dass eine solche Vertiefung bei negativen Erfahrungen (z.B. die Vertiefung einer stressigen Situation oder eines Misserfolgs) ungünstige Auswirkungen haben kann.

Nachdem die Situation beschrieben wurde, sieht das Arbeitsblatt die Skizzierung von *Auslösern* vor. Die Teilnehmenden können hier zumeist detailliert beschreiben, was sie in Situationen besonders „stresst", „in Rage versetzt" oder „auf die Palme" bringt. Dies können äußere Trigger oder innere Trigger sein. Zumeist besteht auch eine Verknüpfung von beidem („Wenn ein Kollege dann bei der Präsentation etwas sagt, dann denke ich, dass ich einen Fehler gemacht habe. Das verunsichert mich, ich werde dann nervös und ganz hektisch."). Die Teilnehmenden können hier in der Regel gut auf das zuvor Gelernte aufbauen. Sie beschreiben typische Reaktionsmuster, nennen innere Antreiber und Gedanken, die Stress auslösen oder verstärken. Wenn die Teilnehmenden Unterstützung benötigen, kann diese durch gezieltes Erfragen von Reaktionen oder inneren Zuständen erfolgen.

Gelegentlich beschreiben die Teilnehmenden hier bereits gewünschte Reaktionen. Die Teilnehmenden haben dann zumeist auf Basis der bisherigen Seminarinhalte eine positiv besetzte Vorstellung entwickelt. Hier ist es hilfreich zu erfragen, welche Barrieren zwischen Wunsch und bisherigem Verhalten liegen und was dafür hilfreich ist. Damit wird der Blick auf Ressourcen zur Erreichung des Zielzustandes beschrieben. Zuvor werden die Teilnehmenden noch gebeten, die *Reaktion* aller Beteiligten zu beschreiben. Bei der Beschreibung reflektieren die meisten Teilnehmenden noch einmal, welche *Ergebnisse* gewünscht und welche unerwünscht sind.

Schließlich sieht das Arbeitsblatt vor, dass die Teilnehmenden bereits vorhandene *Ressourcen* auflisten, die in dieser Situation helfen. Im Verlauf des Kurses haben die Teilnehmenden sich bereits bewusstgemacht, welche Ressourcen zur Verfügung stehen. Nicht alle dieser Ressourcen helfen in dieser konkreten Situation. Es ist jedoch davon auszugehen, dass bereits Ressourcen vorhanden sind, die in dieser Situation helfen können, für die jedoch in der akuten Stresssituation zumeist „der Blick versperrt ist." Zum Ende werden im Plenum noch weitere hilfreiche Ressourcen exploriert, und es wird diskutiert, welche unvorhergesehenen Hindernisse bei der Umsetzung auftreten können. Die entwickelten Handlungsschritte werden so einem Realitätscheck unterzogen.

Um von dem Planen ins Handeln zu kommen, eignen sich *Implementation Intentions* (siehe Kasten), die als Wenn-Dann-Pläne die Ausführung erleichtern. Implementation Intentions sind auch förderlich, um trotz äußerer und innerer Widerstände Handlungen aus- und durchzuführen. Bei der Besprechung der Pläne kann gezielt die Formulierung von Wenn-Dann-Plänen unterstützt werden. So können bei einer Besprechung der Situation konkrete Details als *Wenn-Bedingungen* herausgearbeitet werden und dann erfragt werden, welches Verhalten die Teilnehmenden zeigen bzw. auf welche Ressourcen sie zurückgreifen wollen *(Dann-Bedingung)*.

Implementation Intentions –
Vorsätze als Durchführungsintentionen

Im Handlungsverlauf gibt es verschiedene Herausforderungen zu bewältigen. Das Zielführende muss initiiert werden, und die Durchführung der gewünschten Handlung muss gegenüber inneren und äußeren Widerständen durchgesetzt werden. Oft werden Handlungsabsichten getroffen, die eine gewünschte Handlung beschreiben. Trotz dieser Absichten erreichen viele Menschen nicht die intendierten Handlungsziele. Sie initiieren nicht die gewünschte Handlung oder geben bei Widrigkeiten die Zielverfolgung auf (Gollwitzer, 2014).

Unterschieden werden können Absichten und Vorsätze (Gollwitzer, 1999, 2014). *Vorsätze* sind Durchführungsintentionen (engl. „implementation intentions"). Diese spezifizieren das Wann und Wie der Handlung und folgen einer „Wenn ..., dann ..."-Struktur. Metaphorisch sind *Absichten* das Ende der Leiter, das erreicht werden soll, und Implementation Intentions die Sprossen der Leiter, die den Weg zum Ziel spezifizieren (Gollwitzer, 2014). Vorsätze fördern die Selbstregulation, wie metaanalytische Befunde zeigen (Gollwitzer & Sheeran, 2006). Die „Wenn-Dann"-Verknüpfungen erleichtern es Menschen, Verhalten zu initiieren. Absichten sind hingegen sogar verhaltenshemmend, da wir zumeist dann Absichten treffen, wenn wir eine Handlung nicht sofort ausführen können (Kuhl, 2001). Im Extremfall verharren Menschen in der Absichtsbildung und kommen nicht zum Handeln.

6.9 Schritt 5: Gelassen handeln

6.9.1 Ziele

Themen

- Einstimmung
- Bilder entstehen lassen
- Wunsch-Handeln entwickeln und Rückfällen vorbeugen
- Blitzlicht

Ziele

- Die Teilnehmenden erkennen, dass Barrieren auftreten können
- Die Teilnehmenden entwickeln ein Gefühl der Ruhe
- Die Teilnehmenden entwickeln eine Vision, wie sie sich ihr gelassenes Handeln vorstellen
- Die Teilnehmenden erarbeiten Strategien, wie sie Hindernisse überwinden können
- Die Teilnehmenden reflektieren den Effekt des Trainings

Inhalte

- Gewohnheiten, psychologische Grundlagen, das Unbewusste und dessen Beeinflussbarkeit
- Die Teilnehmenden bekommen einen gedanklichen Zugang zu dem Gefühl der Ruhe in einer konkret erlebten Ruhesituation
- Die Teilnehmenden beschreiben positiv-metaphorisch den gewünschten Zustand von Gelassenheit und nehmen so Kontakt mit unbewussten Teilen auf
- Die Teilnehmenden identifizieren mögliche Hindernisse bei der Umsetzung ihres Planes und diskutieren anschließend, wie diese als Erinnerungshilfe (z.B. als Wenn-Dann-Plan) für das Wunsch-Handeln genutzt werden können

• Die Teilnehmenden geben kurz Auskunft darüber, welche Veränderung sie durch das Training wahrnehmen
Organisationsformen
Input durch Kursleitung, Diskussion im Plenum, Einzelarbeit, Gruppenarbeit
Dauer
60 Minuten
Materialien
• Präsentation (Folien 28 bis 31) und/oder Flipchart • Bildkartei mit Entspannungsfotos • Arbeitsblatt 5.1 „Inneres Ruhebild“ • Arbeitsblatt 5.2 „Gelassen handeln“

Die fünfte und abschließende Phase „Gelassen handeln“ dient dazu, die Teilnehmenden zu befähigen, auch bei Umsetzungsbarrieren handlungsfähig zu bleiben und Katalysatoren, d.h. förderliche Faktoren, zu identifizieren, die bei der Umsetzung helfen. Insbesondere umfasst diese Phase das gezielte Nutzen von positiven und negativen Gefühlen, die bei rein kognitiv ausgerichteter Umsetzungsplanung eine untergeordnete Rolle spielen. Dieses Vorgehen baut auf Erkenntnissen der Motivationspsychologie auf, die positive Imagination mit intuitiver Handlungsregulation kombiniert (Oettingen & Reininger, 2016; vgl. auch Abschnitt 6.1.3).

Konkret sind die Ziele:

- Die Teilnehmenden schildern gewünschte Ergebnisse ihrer Umsetzungspläne anhand individueller, emotional positiv aufgeladener Bilder.
- Die Teilnehmenden skizzieren die Umsetzung und benennen konkrete Barrieren, die auftreten können und dem Erreichen des angestrebten Wunschzustandes entgegenstehen.
- Die Teilnehmenden erarbeiten konkrete „Wenn-Dann-Pläne“, um bei Auftreten von Umsetzungsbarrieren schnell flexible Handlungsstrategien zu aktivieren.

6.9.2 Inhalte

Inhaltlich wird auf aktuelle Erkenntnisse der Motivationspsychologie zurückgegriffen. Konkret werden *Mentales Kontrastieren und Vorsätze* (engl. „mental contrasting and implementation intentions“, kurz MCII) miteinander verbunden (Oettingen & Reininger, 2016). Erstere Strategie dient dazu, Wünsche und Ergebnisse zu beschreiben, letztere dazu, das Erreichen dieser Ergebnisse durch eigene Handlungen bei auftretenden äußeren und inneren Widerständen zu fördern. Vereinfachter wird diese Strategie als WOOP beschrieben (Oettingen, 2015):

- Das W steht für *Wishes:* positive Zielimagination eines Wunsch-Handelns auf emotionaler Basis (z.B. einen ruhigen, entspannten und fröhlichen Tagesstart)
- das erste O für *Outcomes:* Ergebnisse des Wunsch-Handelns (z.B. effizientes Abarbeiten von Mails)
- das zweite O für *Obstacles:* Hürden, die dem Wunsch-Handeln und Erreichen der Ergebnisse im Weg stehen können (z.B. dringende, komplexe Anfragen)
- das P für *Plans:* Strategien zur Bewältigung der Hürden (z.B. Einplanen von Zeit für komplexere Aufgaben)

Es werden also zunächst positive Wünsche formuliert, die auf innere emotionale Zustände abzielen und mit konkreten Ergebnissen einhergehen. Anschließend werden negative Aspekte antizipiert und diesen Aspekten Maßnahmen gegenübergestellt, die bei Auftreten von Hürden das für den erwünschten Zielzustand notwendige Verhalten aufrechterhalten oder zu einer Verhaltensanpassung führen. Es geht darum, von einem positiv besetzten Zustand geleitet zu werden und auch bei Hindernissen die Handlungsorientierung aufrechtzuerhalten.

6.9.3 Vorgehen

Die Phase „Gelassen handeln“ beginnt mit einem kurzen Impuls zu *Gewohnheiten.* Es werden Vor- und Nachteile von Gewohnheiten beleuchtet. Ein Fokus liegt auf der „Macht der Gewohnheit“ als Handlungsregulation mit geringem Bewusstseinsgrad (vgl. Orbell & Verplanken, 2015). Es wird erläutert, dass Gewohnheiten dazu führen, dass Menschen in einer Situation oft unbewusst eine bestimmte Reaktion bzw. ein Reaktionsmuster zeigen. Dabei können Ziele auch unbewusst verfolgt werden. Situationen lösen dann ein Verhaltensprogramm aus und ermöglichen eine Zielverfolgung, die nur wenig kognitive Ressourcen verbraucht (Aarts, 2007).

Gewohnheiten können funktional oder dysfunktional sein (Orbell & Verplanken, 2015). Gerade in Bezug auf Stressprävention können Gewohnheiten wie das Abschalten des Smartphones vor dem Zubettgehen oder feste, beruhigende Abläufe am Morgen förderlich für das Wohlbefinden sein. Es gibt jedoch viele Gewohnheiten, die als „schlecht“ empfunden werden und die man sich gern abtrainieren will.

Gewohnheiten entstehen durch *Wiederholung* (Marien, Custers & Aarts, 2018; Orbell & Verplanken, 2015). Dieser oft nicht bewusste Lernprozess führt dazu, dass sich in Situationen stabile Reaktionsmuster herausbilden. Dies führt jedoch auch dazu, dass ein *Umlernen* mit Schwierigkeiten verbunden ist. Abbildung 26 veranschaulicht die Prozesse der Gewohnheitsbildung sowie des Umlernens.

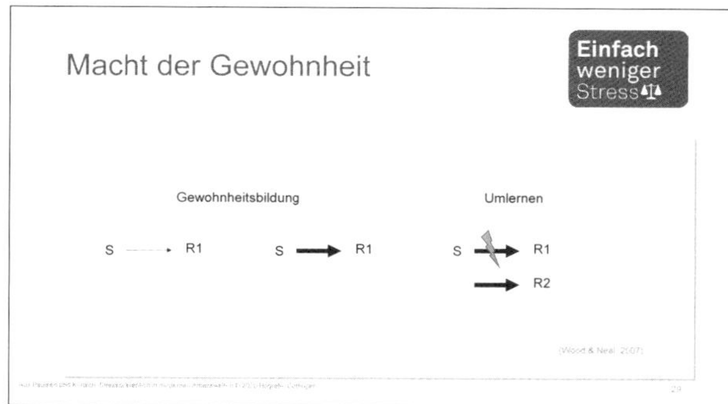

Abbildung 26: Folie 29 aus der PowerPoint-Präsentation

Wenn Gewohnheiten sehr robust sind, konfligieren die Gewohnheiten mit neuen Zielen (vgl. Wood & Neal, 2007). Entsprechend wird es oft als schwer erlebt, in den Situationen, die in der vorausgehenden Phase „Umsetzung planen“ herausgearbeitet wurden, neue Verhaltensweisen zu zeigen. Man fällt leicht in die alten Gewohnheiten zurück. Dies kann dann wiederum als Misserfolg bewertet werden. Ziel der Phase „Gelassen handeln“ ist es, dass die Teilnehmenden für sich erkennen, dass Gewohnheiten die Verhaltensausführung erleichtern, sie aufgebaut werden können und so positive Funktionen von Gewohnheiten zunutze gemacht werden können. Gleichzeitig soll deutlich gemacht werden, dass Misserfolgserlebnisse bei der Umsetzung immer wieder auftreten können und die Teilnehmenden sich davon nicht entmutigen lassen sollten. Dies wird veranschaulicht, indem die gewünschte lineare Entwicklung einer zumeist beobachteten Entwicklung mit Rückschlägen gegenübergestellt wird (siehe Abbildung 27).

Abbildung 27: Folie 30 aus der PowerPoint-Präsentation

Aus der Erfahrung können Teilnehmende oft von solchen Misserfolgen berichten. Zu beachten ist, dass die gedankliche Auseinandersetzung mit potenziellen Misserfolgen negative Gefühle hervorrufen kann. Von Bedeutung ist es daher, diese negativen Gefühle zu reduzieren und im Anschluss auch positive Gefühle hervorzurufen. Deshalb wird zur weiteren Einstimmung mit den Teilnehmenden anhand von *Arbeitsblatt 5.1 „Inneres Ruhebild“* ein Ruhebild erarbeitet (siehe Abbildung 28). Die Teilnehmenden sollen für die nachfolgende Phase ein Gefühl innerer Ruhe, Entspanntheit und Gelassenheit haben.

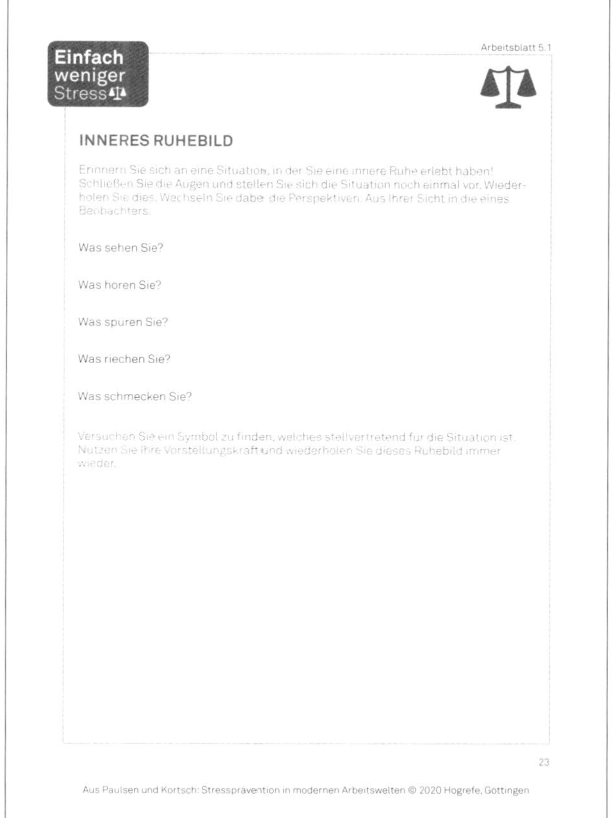
Einfach weniger Stress

Arbeitsblatt 5.1

INNERES RUHEBILD

Erinnern Sie sich an eine Situation, in der Sie eine innere Ruhe erlebt haben! Schließen Sie die Augen und stellen Sie sich die Situation noch einmal vor. Wiederholen Sie dies. Wechseln Sie dabei die Perspektiven: Aus Ihrer Sicht in die eines Beobachters.

Was sehen Sie?

Was horen Sie?

Was spuren Sie?

Was riechen Sie?

Was schmecken Sie?

Versuchen Sie ein Symbol zu finden, welches stellvertretend fur die Situation ist. Nutzen Sie Ihre Vorstellungskraft und wiederholen Sie dieses Ruhebild immer wieder.

23

Aus Paulsen und Kortsch: Stressprävention in modernen Arbeitswelten © 2020 Hogrefe, Göttingen

Abbildung 28: Arbeitsblatt 5.1 „Inneres Ruhebild“

Im Folgenden wird die *WOOP-Strategie* angewendet. Dabei wird das Wunsch-Handeln durch den Rückgriff auf ein Motto-Ziel beschrieben. Die Teilnehmenden wählen ein ansprechendes *Foto* aus, das künftig ihr Wunsch-Handeln beschreiben soll. Die in Abbildung 29 auf dem Boden ausgebreiteten Bilder entstammen freien Bilddatenbanken und können nahezu beliebig ergänzt werden. Es kann auch auf kommerziell vertriebene Bildkarten wie die des Zürcher Ressourcen Modells (Krause & Storch, 2017) oder von Fräntzel und Johannsen (2019) zurückgegriffen werden.

Daraufhin beschreiben die Teilnehmenden ein Wunsch-Handeln, das einem *Motto-Ziel* (siehe Kasten) ähnelt (vgl. Storch, 2010). Hierzu unterbreitet die Kursleitung durch emotional aufgeladene Fotos Vorschläge (siehe Abbildung 29). Die Teilnehmenden finden hier zumeist schnell ein ansprechendes Motiv. Wichtig ist, dass das Motiv von den Teilnehmenden möglichst spontan und intuitiv gewählt wird (siehe dazu auch die Erläuterungen in Abschnitt 6.1.3). Durch Fragetechniken fordert die Kursleitung die Teilnehmenden auf, die mit dem Motto-Ziel verbundenen Wünsche zu verbalisieren und fragt nach konkreten Ergebnissen, die sich ändern, wenn die Teilnehmenden sich getreu dem Motto-Ziel verhalten (siehe auch Abschnitt 7.6 zum Einsatz des Konzeptes der Motto-Ziele im Coaching).

Abbildung 29: Auf dem Boden ausgebreitete Bildkartei

Motto-Ziel
Das Konzept der Motto-Ziele entstammt dem *Zürcher Ressourcen Modell* (Storch & Krause, 2017). Motto-Ziele setzen auf einer Haltungsebene an und sollen intrinsische Motivation erzeugen (Storch, 2010). Es geht also im Gegensatz zu konkreten Zielen, die beispielsweise nach den SMART-Kriterien (siehe den Kasten auf Seite 64) formuliert werden (z. B. „Ich möchte in vier Wochen zwei Kilogramm abnehmen"), eher um eine generelle Einstellung bzw. ein Lebensmotto (z. B. „Ich lebe mit Leichtigkeit"). Die Idee der Motto-Ziele ist, dass sie zum einen nicht nur bewusste, sondern (unter Rückbezug auf die Psi-Theorie von Kuhl, 2001) auch unbewusste Anteile in das Ziel integrieren und zum anderen auf viele Situationen anwendbar sind („Äquifinalität", vgl. Storch, 2010). Um die unbewussten Anteile wie Bedürfnisse anzusprechen, werden Motto-Ziele stark metaphorisch aufgeladen und positiv als Annäherungsziele formuliert („Ich möchte weniger X" wird zu „Ich möchte mehr Y"). Die positiv-emotionale Verbindung mit dem Motto-Ziel weist Bezüge zum Wunsch-Handeln nach der WOOP-Strategie (Oettingen, 2015; siehe Abschnitt 6.9.2) auf.

Im Anschluss wird die WOOP-Strategie vorgestellt und die Teilnehmenden verbalisieren unter Rückgriff auf das von ihnen formulierte Motto-Ziel einen Zustand des Wunsch-Handelns, damit verbundene Ergebnisse, Barrieren und Pläne zur Überwindung der Barrieren *(Arbeitsblatt 5.2 „Gelassen handeln")*.

An dieser Stelle bietet sich thematisch sehr gut ein *Blitzlicht* an, in dem die Teilnehmenden spontan die wahrgenommenen Veränderungen durch den Kurs reflektieren können. Die Methode Blitzlicht hat eine Momentaufnahme der Gruppenstimmung zum Ziel. Als Kursleitung leitet man mit einer Frage wie „Welche Veränderungen nehmen Sie schon durch diesen Kurs wahr?" das Blitzlicht ein und lässt dann alle Teilnehmenden einmal zu Wort kommen. Die Kursleitung bekommt dadurch ein gutes Feedback zur Gruppenstimmung. Es ist gleichzeitig ein guter Abschluss der inhaltlichen Phasen.

6.10 Abschluss und Verabschiedung

6.10.1 Ziele

Themen
• Mein Ressourcen-Koffer • Erwartungsabgleich, Ausgabe von Bescheinigungen
Ziele
• Die Teilnehmenden identifizieren die für sie hilfreichsten Inhalte und festigen das erworbene Wissen und die entwickelten Kompetenzen • Die Teilnehmenden gleichen ihre anfänglichen Erwartungen mit dem Kursverlauf ab
Inhalte
• Die Teilnehmenden gehen die Inhalte des Kurses durch und identifizieren ihre persönlichen Highlights, gemeinsame Reflexion im Plenum • Erwartungsabgleich, Ausgabe von Bescheinigungen, persönliche Verabschiedung
Organisationsformen
Diskussion im Plenum, Einzelarbeit
Dauer
30 Minuten
Materialien
• Arbeitsblatt 5.3 „Ressourcen-Koffer"

6.10.2 Inhalte und Vorgehen

Das Ende des Kurses bildet wieder den Übergang in den (Arbeits-)Alltag. Hier ist es also wiederum wichtig, als Kursleitung die Teilnehmenden bei einem leichten Übergang zu unterstützen. Gleichzeitig ist es im Sinne der Nachhaltigkeit von Bedeutung, den Transfer der Kursinhalte in den Alltag zu begünstigen. Dazu ist im „Einfach weniger Stress"-Kurskonzept mit der Übung „Ressourcen-Koffer" ein individueller Rückblick vorgesehen, um alle Inhalte ins Gedächtnis zu rufen.

Die Teilnehmenden werden gebeten, den Kurs Revue passieren zu lassen und einen Ressourcen-Koffer (oder alternativ Ressourcen-Rucksack) zu packen, indem sie sich das Nützliche aus dem Kurs notieren (*Arbeitsblatt 5.3 „Ressourcen-Koffer"*; siehe Abbildung 30). Die Vorstellung der „gepackten Ressourcen-Koffer" dient dann als Überleitung zum Abschluss des Kurses.

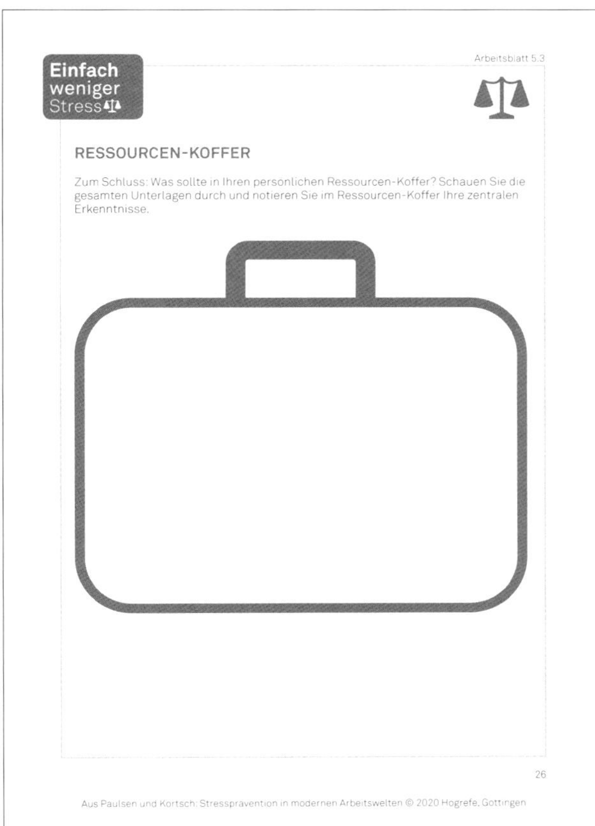
Einfach weniger Stress

Arbeitsblatt 5.3

RESSOURCEN-KOFFER

Zum Schluss: Was sollte in Ihren persönlichen Ressourcen-Koffer? Schauen Sie die gesamten Unterlagen durch und notieren Sie im Ressourcen-Koffer Ihre zentralen Erkenntnisse.

26

Aus Paulsen und Kortsch: Stressprävention in modernen Arbeitswelten © 2020 Hogrefe, Göttingen

Abbildung 30: Arbeitsblatt 5.3 „Ressourcen-Koffer"

Ferner ist es förderlich, dass die Teilnehmenden ein bis drei Transferziele für die nächsten sechs Wochen benennen. Hier kann gezielt danach gefragt werden: „Was verändern Sie in den nächsten sechs Wochen?". Derartige Ziele können beispielsweise auch auf den Fotos, die die Teilnehmenden für ihr Motto-Ziel (siehe Abschnitt 6.9.3) gewählt haben, und die oft gerne von den Teilnehmenden als Erinnerung mitgenommen werden möchten, notiert werden. Alternativ bieten sich separate Karten (z.B. vorbereitete Karteikarten oder ansprechende Postkarten) an.

Für die anschließende Zukunftsorientierung kann eine *Abschlussrunde* helfen, in der alle Teilnehmenden ein persönliches Fazit des Kurses ziehen und diejenigen Inhalte und Methoden nennen, die sie in der nächsten Woche ausprobieren möchten. Der Transfer wird zusätzlich unterstützt, wenn die Kursleitung den Teilnehmenden eine kleine Erinnerungshilfe wie die *Kaffeebohnen-Methode* (siehe Kasten) mit auf den Weg gibt.

Kaffeebohnen-Methode

Die Kursleitung geht nach der Abschlussrunde mit einem Säckchen Kaffeebohnen einmal rum. Alle Teilnehmenden bekommen je drei Kaffeebohnen mit der Anweisung überreicht, diese in den kommenden sieben Tagen morgens immer in die rechte Hosentasche zu stecken. Immer, wenn sie etwas aus dem Kurs umgesetzt haben oder in Richtung mehr Entspannung gehandelt haben, sollen sie eine Bohne in die linke Tasche stecken. Hier ist es wichtig, die Hürde nicht zu groß zu machen und zu vermitteln, dass auch kleine Fortschritte belohnt werden dürfen. Am Ende des Tages kann man dann auswerten, wie gut dies geklappt hat. Die tägliche Menge der Kaffeebohnen dürfen die Teilnehmenden allmählich gern erhöhen.

6.11 Maßnahmen zur Transfersicherung

Trainings sind grundsätzlich wirksam, wie Metaanalysen zeigen (Arthur, Day, McNelly & Edens, 2003). Die Ergebnisse aus Kapitel 4 belegen auch die Wirksamkeit der „Einfach weniger Stress"-Kurse. Durch die Teilnahme an gut gestalteten Trainings lernen die Teilnehmenden etwas und erwerben Kompetenzen. Allerdings besteht ein grundsätzliches Problem bei Trainings darin, dass das Gelernte oft nur zu einem geringen Teil in die Praxis übertragen wird (Blume, Ford, Baldwin & Huang, 2010).

Doch wie lässt sich der *Transfer*, also die Anwendung in der Praxis, verbessern? Hinweise zur Bewältigung der Herausforderung „Transfer in den (Arbeits-)Alltag" bietet das Modell zum Trainingstransfer von Baldwin und Ford (1988). Dieses unterscheidet drei Kategorien von Einflussfaktoren auf den Transfer, die auf drei Ebenen gelagert sind:

1. Ebene der *Teilnehmenden:* Hierzu zählen z.B. die Fähigkeiten, Kenntnisse, Persönlichkeitsmerkmale und Motivation der Teilnehmenden.
2. Ebene des *Trainings:* Hierzu zählen z.B. Lernprinzipien und -methoden sowie die Übereinstimmung von Trainingsaufgaben mit den Anforderungen am Arbeitsplatz.
3. Ebene des *Arbeitsumfeldes:* Hierzu zählen z.B. die Unterstützung durch Vorgesetzte und Kollegen sowie hinreichende Gelegenheiten zur Anwendung.

Empirisch konnte der Einfluss einzelner Faktoren auf den drei Ebenen bestätigt werden (für ein Review siehe Grossman & Salas, 2011). Alle drei Ebenen stellen also Ansatzpunkte dar, um den Erfolg von Trainings zu erhöhen. Transferprobleme können beispielsweise darin gründen, dass Teilnehmende nicht die nötigen motivationalen oder kognitiven Voraussetzungen für das Erlernen der Inhalte mitbringen, dass Trainingsaufgaben zu praxisfern sind oder dass das Arbeitsumfeld nicht transferförderlich ist, also Vorgesetzte beispielsweise Veränderungen grundsätzlich skeptisch gegenüberstehen.

Wie können diese Erkenntnisse von der Kursleitung genutzt werden? Es gibt verschiedene Maßnahmen, die helfen können, den Transfer zu erleichtern. Diese sind in Tabelle 12 dargestellt.

Weitere Anregungen können bei Kauffeld (2016) sowie Kauffeld und Paulsen (2018) nachgelesen werden. Die Lektüre dieser Bücher empfiehlt sich insbesondere dann, wenn das Training eingebettet in einen größeren organisationalen Kontext, etwa als Teil eines Personalentwicklungsprogrammes, angeboten wird (siehe Kasten). Auf der individuellen Ebene können zudem ergänzende Maßnahmen wie z.B. Transfercoachings helfen, den Lerntransfer zu fördern.

Transfersicherung im Unternehmenskontext

Wenn ein Kurs wie der „Einfach weniger Stress"-Kurs in großangelegte Trainingsmaßnahmen in einem Unternehmen (z.B. im Rahmen einer Führungskräfteentwicklung) eingebettet ist, sind begleitende *Evaluationen* empfehlenswert. Dabei unterscheidet man zwischen einer ergebnisbezogenen Evaluation, die Aufschluss über den Erfolg von Trainings liefert, und einer prozessbezogenen Evaluation, welche Hinweise auf Wirkfaktoren und somit Aufschluss über zu optimierende Prozesse gibt (Kauffeld, 2016; Kauffeld, Paulsen & Ulbricht, 2016). Durch *digitale Tools* bietet sich zudem eine weitere ergänzende Transferbegleitung an (siehe Abschnitt 8.2; vgl. auch Kauffeld & Paulsen, 2018; Paulsen & Kortsch, 2017). Damit wird der Fokus stärker auf das individuelle Lernen gelegt.

Neuere Ansätze in der Trainingstransferforschung betonen, dass man den Transfer auch stärker aus individueller Perspektive betrachten sollte (Baldwin, Ford & Blume, 2017). So können beispielsweise *individuelle Lernpfade* Berücksichtigung finden (Poell & van der Krogt, 2010; Poell et al., 2018). Diesem Konzept liegt die Annahme zugrunde, dass Beschäftigte in Unternehmen auch immer eine eigene Agenda bezüglich ihrer persönlichen Weiterentwicklung haben. Individuelle Lernpfade entsprechen einer Sammlung von Lernaktivitäten, die für den Einzelnen eine kohärente und bedeutsame Struktur aufweisen (Poell & van der Krogt, 2010). Stressmanagementtrainings sind entsprechend als einzelne Lernaktivitäten zu betrachten, die in ein Gesamtbild aus formalen (z.B. Schulungen) und informellen Lernaktivitäten (z.B. Lernen im Prozess der Arbeit) eingebettet sind.

Tabelle 12: Möglichkeiten zur Optimierung des Lerntransfers

Teilnehmende	• Kommunikation von Lernzielen • Entwickeln von Transferzielen und Plänen zur Umsetzung • Transfercoaching nach dem Training zur Begleitung
Training	• Bezüge zum (Arbeits-)Alltag herstellen • Beispiele aus der Lebenswirklichkeit der Teilnehmenden aufgreifen • Konkrete echte Fälle bearbeiten
Arbeitsumfeld	• Gespräche über Lernziele mit der Führungskraft vor dem Training und zur Anwendung nach dem Training • Kollegium für Feedback gewinnen • Entwicklung eines Transferprojektes

Kapitel 7

Das „Einfach weniger Stress"-Konzept in individuellen Coaching- und Beratungsprozessen

7.1 Rahmenbedingungen

Da das Erleben von Stress sich häufig auf die Zufriedenheit mit der Arbeit auswirkt und durch die starke Verbreitung des Phänomens Stress suchen Beschäftigte immer häufiger auch mit entsprechenden Anliegen nach Unterstützungsangeboten. Ziele sind beispielsweise, souveräner mit multiplen Anforderungen umzugehen, sich nicht so leicht aus der Ruhe bringen zu lassen, teilweise auch bezogen auf konkrete Personen wie Vorgesetzte. Das „Einfach weniger Stress"-Konzept lässt sich für solche Anliegen auch in Coaching- oder Beratungsprozessen mit einzelnen Klientinnen und Klienten anwenden.

Zu unterscheiden ist dabei, ob es sich um einen *Coachingprozess* handelt, bei dem die Selbstreflexion gestärkt wird und dadurch für individuelle Anliegen Lösungsansätze durch die Klientin bzw. den Klienten selbst erarbeitet werden, oder ob es sich um einen *Beratungsprozess* handelt, bei dem auch Fachwissen vermittelt wird und die Klientin bzw. der Klient angewiesen wird. Bei einem Coaching handelt es sich im engeren Sinne um eine Prozessberatung. Das heißt, der Coach ist Experte in der Begleitung und bietet hier individuelle Unterstützung durch Hilfe zur Selbsthilfe (Kauffeld & Gessnitzer, 2018; Rauen, 2003). Damit besteht eine Abgrenzung zur Beratung im engeren Sinn. Hier steht die fachliche Problemlösung im Vordergrund. Beratende agieren aus einer inhaltlichen Expertise heraus. Psychologinnen und Psychologen sowie verwandte Berufsgruppen haben beim Thema „Stress" oft eine inhaltliche Expertise. Klientinnen und Klienten wünschen sich in der Folge Tipps und Ratschläge. Das „Einfach weniger Stress"-Konzept für dyadische Settings kann daher sowohl inhaltliche als auch prozessbezogene Beratung umfassen.

In anderen Kontexten wie der Sportpsychologie werden beide Ansätze als sich ergänzend wahrgenommen und unter dem Begriff der *Komplementärberatung* zusammengefasst (Liesenfeld, 2009). Je nach

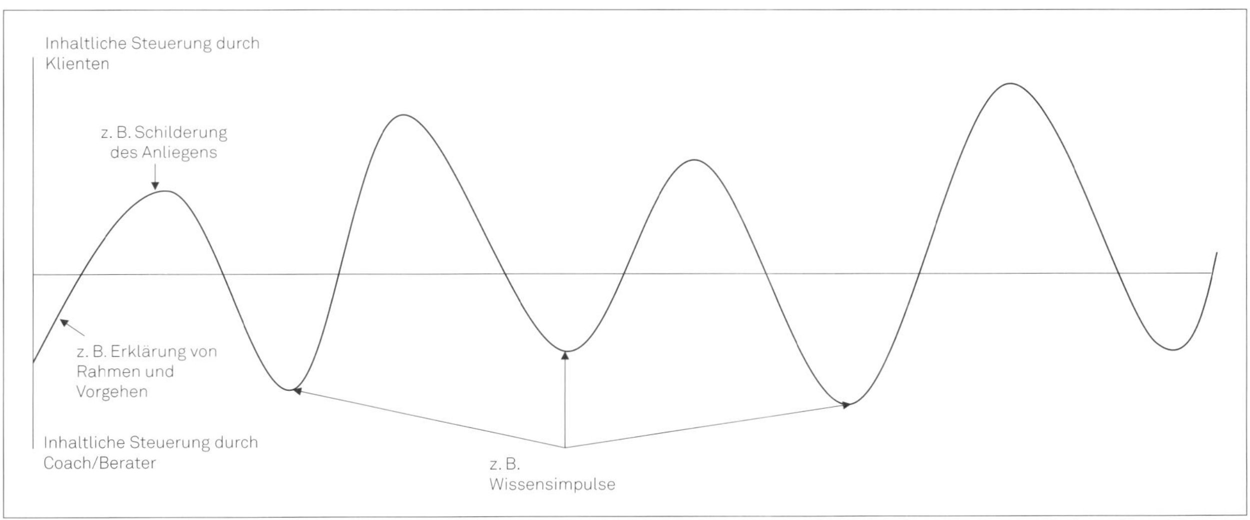

Abbildung 31: Coaching und Beratung im Wechsel in Abhängigkeit der inhaltlichen Steuerung von Coach/Berater oder Klientin/Klient

Verlauf handelt es sich dann mal eher um ein Coaching im engeren Sinne oder um eine fachliche Beratung (siehe Abbildung 31).

Für eine gute Beziehung sollte den Klientinnen und Klienten zu Beginn eines solchen Prozesses die Rolle transparent gemacht werden. Außerdem ist es wichtig, eine gemeinsame Zieldefinition zu erarbeiten, um die Zielerreichung am Ende des Prozesses überprüfen zu können.

7.2 Schritt 1: Stress verstehen

Im „Einfach weniger Stress"-Kurskonzept dient diese Phase dazu, anhand wissenschaftlich fundierter *Stressmodelle* ein Verständnis von der Entstehung und Aufrechterhaltung von Stress zu vermitteln. Damit ist die Phase vom Grundsatz her direktiv und im Widerspruch zu einer non-direktiven Coachinghaltung. Im Folgenden werden daher Möglichkeiten dargestellt, wie man als Coach diese Phase umsetzen kann und dennoch seine Rolle in der Prozessbegleitung bewahrt.

Eine Möglichkeit ist, den psychoedukativen Anteil auf die Vorbereitung des Termins auszulagern. Die Inhalte können sogar schon vor dem ersten Termin z. B. per Mail an Klienten verschickt werden. Solche vorbereitenden Beschäftigungen mit dem Thema können bei Klientinnen und Klienten eine erste, sehr wirksame Bahnung einer guten Coach-Klienten-Beziehung bewirken (Prior, 2012). Wenn sich die Klientin bzw. der Klient im Vorfeld mit Stressmodellen auseinandergesetzt hat, lässt sich im Gespräch auch bereits eruieren, inwieweit die Klientin bzw. der Klient die Stressmodelle auf ihre/seine Lebenswelt übertragen kann:

> **Übertragung der Stressmodelle auf die Lebenswelt der Klienten**
>
> „Sie haben im Vorfeld Informationen zum Thema Stress erhalten. Diese beschäftigten sich damit, wie Stress entsteht und verstärkt wird. Ein wichtiger Aspekt ist, dass die eigenen Gedanken Stress auslösen können. Welche Gedanken lösen bei Ihnen Stress aus?"

Im Coaching gestaltet sich die Phase „Stress verstehen" insgesamt etwas anders als in Kursen. Der hohe psychoedukative Ansatz stellt für Coaches in dieser Phase ein gewisses Problem dar: Obwohl sie inhaltliche Experten für das Thema Stress sind, widerspricht es der Coachinghaltung, den Prozess inhaltlich zu steuern. Daher besteht auch die Möglichkeit, zunächst auf psychoedukative Elemente zu verzichten. Zu Beginn können sich die Coaches stattdessen zunächst das individuelle Anliegen des Coachees aus dessen Sicht schildern lassen. Die Phase dient dann dazu, zu verstehen, wie sich das Stresserleben bei der Klientin bzw. dem Klienten ausdrückt.

Um dem Coachee dennoch auch in dieser Phase neue Erkenntnisse zu seinem eigenen Stress zu bringen, können *Fragen* helfen. Bei diesen Fragen kann sich der Coach an den Modellen (v. a. transaktionales Stressmodell, Job-Demands-Resources-Modell; siehe Kapitel 2) orientieren. So lassen sich aus dem transaktionalen Stressmodell beispielsweise folgende Fragen ableiten:

- „In welchen Situationen erleben Sie häufig Stress?"
- „Welche Gedanken gehen Ihnen dann durch den Kopf?"
- „Wie wirkt sich dieser Stress aus?"
- „Wie begegnen Sie dem Stress?"

Das Job-Demands-Resources-Modell impliziert, dass entsprechend dem Bild der Waage (siehe Abbildung 14 auf Seite 35) in der aktuellen Lebenssituation stets Anforderungen und Ressourcen zusammenwirken. Da Klientinnen und Klienten in der Regel mit einem Problemfokus in das Coaching kommen, kann das Bild der Waage als Metapher eingeführt werden, um den Blick auf die *Ressourcen* zu lenken. Beispielsweise kann dies folgendermaßen eingeleitet werden:

> **Einführung des Bildes der Waage als Metapher**
>
> „Sie haben mir jetzt viel darüber berichtet, wann Sie Stress erleben und wodurch dieser aus Ihrer Sicht entsteht. Neuere Erkenntnisse der Stressforschung zeigen, dass Stress meist durch ein Wechselspiel zwischen Stressauslösern – sogenannten Stressoren – und Ressourcen – also Dingen, die den Stress abpuffern – entsteht. Sie können es sich wie eine Waage vorstellen: auf der einen Seite die Stressoren, auf der anderen Seite die Ressourcen. Wenn die Waage zu den Stressoren kippt, erlebt man Stress. Was können Sie in den geschilderten Stresssituationen denn in die Waagschale der Ressourcen legen?"

Ein weiterer Ansatz besteht darin, die Modelle am Flipchart vereinfacht zu *visualisieren* und auf die Lebenswelt der Klientin bzw. des Klienten anzuwenden. Beispielsweise kann der Coach während der Erzählungen der Klientin bzw. des Klienten die genannten Faktoren auf einzelne Karten notieren und diese anschließend gemeinsam im Bild einer Waage (auf dem Flipchart, an einer Pinnwand oder auf dem Boden) auf die Seite der Stressoren oder Ressourcen einordnen. So kann der Coach einerseits ganz bei dem Thema des Coachees bleiben, gleichzeitig aber der

Klientin bzw. dem Klienten bereits in der Phase „Stress verstehen" ein vertieftes Verständnis seines Stresses sowie einen neuen Blickwinkel darauf ermöglichen. Auch durch Heranziehung des transaktionalen Stressmodells lässt sich die Stressentstehung schematisch visualisieren, zum Beispiel um daran dann die Erzählungen einer Klientin zu paraphrasieren (siehe Abbildung 32).

Beispiel: Paraphrasierung der Erzählungen einer Klientin anhand des transaktionalen Stressmodells

„Wenn ich Sie richtig verstanden habe, ‚kommen Sie immer unter Druck', wenn Sie mit Ihrem Chef sprechen. Das Gespräch mit Ihrem Chef könnte man in diesem Modell ganz links bei der Situation einordnen, Ihre Reaktion darauf, das ‚unter Druck kommen' ganz rechts bei Stress. Sie haben davon gesprochen, dass für Sie ganz plötzlich ein ‚ungutes Gefühl' entsteht. Das wäre im Modell die erste, ganz spontane Bewertung der Situation. Sie nehmen eine Bedrohung wahr, ohne genau zu wissen, woran es denn liegt. Und Sie sagten dann, dass Sie das Gefühl hätten, er wolle Sie ‚einfach in die Pfanne hauen', ohne dass Sie einen Grund erkennen. Dass Sie sich wünschten, ihm dann einfach mal die Meinung zu sagen, Sie aber ‚irgendwie neben sich stehen' und Ihr ‚Selbstbewusstsein plötzlich verschwunden ist'. Das kann man in der zweiten, bewussteren Bewertung einordnen. Wenn der Körper einem erst einmal signalisiert, dass eine Gefahr droht, wird nach Möglichkeiten gesucht, dieser zu begegnen. Aber das Selbstbewusstsein, was Ihnen helfen könnte, sodass Sie die Situation vielleicht eher als Herausforderung annehmen, ist in dem Moment nicht da. Also fällt auch die zweite Bewertung negativ aus und Stress entsteht."

Eine andere Möglichkeit ist, dass die Klientin bzw. der Klient gebeten wird, *Arbeitsblätter* auszufüllen (für eine Übersicht der für Schritt 1 auf der CD-ROM bereitgestellten Arbeitsblätter siehe Tabelle 8 auf Seite 31). Im Nachgang lässt sich dann erfragen, was der Coachee über Stress gelernt hat, inwieweit ein Verständnis erworben wurde und welche Lösungsansätze bereits gesehen werden.

Zu beachten ist, dass in dieser Phase im Gespräch mit dem Klienten oder Coachee schnell ein Übergang in die zweite („Stressoren erkennen") oder dritte Phase („Ressourcen wecken") erfolgen kann. Davon sollte sich weder ein Coach noch ein Berater verunsichern lassen. Eine so klare Trennung der Phasen wie in vorstrukturierten Kursen ist in dyadischen Prozessen oft nicht möglich. Die Phase „Stress verstehen" dient hier dazu, eine Grundlage für das weitere Verständnis zu schaffen.

7.3 Schritt 2: Stressoren erkennen

Die Phase „Stressoren erkennen" ist auch im Einzelsetting eine zentrale Phase, da hier systematisch der Blick auf die *stressauslösenden Faktoren* gerichtet wird und die Coachees so ein besseres Verständnis von der Entstehung ihres Stresserlebens bekommen. Dyadische Beratungs- und Coachingangebote erstrecken sich meistens über längere Zeiträume. Zwischen einzelnen Sitzungen liegen in der Regel ein bis vier Wochen. Diese Zeit kann genutzt werden, um Informationen einzuholen. Die Phase „Stressoren erkennen" zielt darauf ab, dass die Klientin bzw. der Klient einen Überblick über relevante Stressoren sowie deren Relevanz erhält.

Ein Ansatz besteht darin, dass die Klientin bzw. der Klient über einen längeren Zeitraum das Auftreten von bestimmten Stressoren protokolliert. Der Vorteil dieser *Selbstbeobachtung* ist, dass der Coachee dadurch bereits das Auftreten von Stressoren reflektiert. Hilfreich ist es, schließlich das Ergebnis und den Prozess der Selbstbeobachtung zu reflektieren: „Was ist für Sie das zentrale Ergebnis? Was hat Sie überrascht? Was hat sich durch das Protokollieren geändert?"

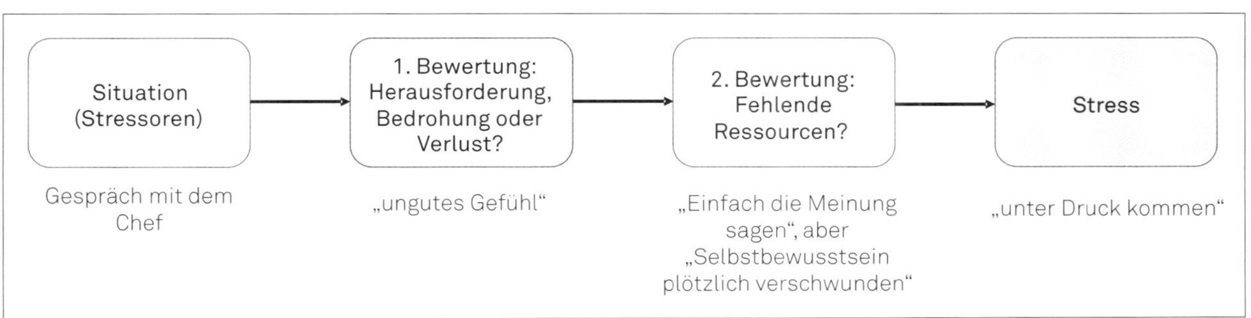

Abbildung 32: Illustration der geschilderten Stressentstehung einer Klientin am transaktionalen Stressmodell

Alternativ ist – wenn eine Selbstbeobachtung und Protokollierung nicht möglich erscheint –eine Erfassung im Rückblick etwa auf die letzten 14 Tage möglich. Dieser Rückblick kann jedoch oft nicht tageweise erfolgen und stellt bereits eine Aggregation dar. Daher kann auch das im Kurs verwendete *Arbeitsblatt 2.1 „Stressoren-Radar“* (siehe Abbildung 19 auf Seite 42) hier genutzt werden. Zu beachten ist, dass der Zeitausschnitt der letzten 14 Tage möglicherweise nicht repräsentativ ist. Dies kann direkt erfragt werden („Inwieweit ist der Verlauf typisch für die letzten Monate?“; „Würde sich etwas ändern, wenn Sie das Stressoren-Radar für das vergangene Jahr gezeichnet hätten?“). Das Stressoren-Radar bietet schließlich die Möglichkeit, realistische Soll-Zustände zu erfragen: „Was würden Sie am liebsten ändern?“ Diese können dann etwa mit einer anderen Farbe oder einem Pfeil auf dem Stressoren-Radar eingetragen werden. Auch lassen sich so bereits Lösungsansätze erarbeiten: „Was sollte sich dafür ändern?“, „Was könnten Sie tun?“. Damit beginnt eine Überleitung zur ressourcenorientierten Arbeit.

7.4 Schritt 3: Ressourcen wecken

Die Phase „Ressourcen wecken“ ist ebenfalls eine zentrale Phase im „Einfach weniger Stress“-Programm. Diese betrifft sowohl Kurs- als auch Beratungs- und Coachingangebote. Gerade bei Letzteren gewinnt diese Phase an Bedeutung, denn in der Eins-zu-eins-Situation bieten sich deutlich mehr Möglichkeiten, individuelle Ressourcen zu erschließen. Coachings folgen oft einem ressourcenorientierten Ansatz, bei dem der Fokus auf den für eine Problembewältigung nützlichen Ressourcen liegt.

Im „Einfach weniger Stress“-Kurskonzept dient das *Ressourcen-Radar* (siehe Abbildung 22 auf Seite 48 und das Arbeitsblatt 3.2 auf der beiliegenden CD-ROM) als Reflexionsinstrument, welches auch in Beratung und Coaching genutzt werden kann. Das Ressourcen-Radar hilft Klientinnen und Klienten, die eigenen Ressourcen wahrzunehmen und ins Bewusstsein zu rufen. In Gruppensettings erfolgt dies eher summarisch auf einer generellen Ebene. In Beratungs- und Coachingangeboten kann man sich für einzelne Methoden mehr Zeit nehmen. Es bieten sich verschiedene Variationsmöglichkeiten an: So lassen sich Formate der Selbstbeobachtung einsetzen, um Ressourcen zu protokollieren. Auch kann die Erfassung stärker anlassbezogen erfolgen (z. B. mit Blick auf eine konkrete Problemlösung relevante Ressourcen).

Das Ressourcen-Radar kann im Coachingprozess dem Coachee auch als Hausaufgabe zur Vorbereitung der Sitzung für die Phase „Ressourcen wecken“ mitgegeben werden. Dann kann in der Sitzung auf Basis des vorbereiteten Ressourcen-Radars etwa vertieft auf die Bereiche eingegangen werden, in denen vom Coachee bisher wenige Ressourcen identifiziert wurden (wie beispielsweise der Bereich „Freunde“ in Abbildung 22) oder zu den vorhandenen Ressourcen Strategien besprochen werden, wie diese Ressourcen in vom Coachee beschriebenen Stresssituationen optimal genutzt werden können. Leitfragen könnten sein:

- „Wie zufrieden sind Sie mit Ihrem Ressourcen-Radar?“
- „Wann haben Sie die Ressourcen bereits erfolgreich genutzt? Welche Strategien haben Sie dafür verwendet?“
- „Wo haben Sie das Gefühl, dass Sie noch weitere Ressourcen benötigen? Wie könnten Sie weitere Ressourcen gewinnen?“
- „Wie können Sie die Ressourcen aus dem Ressourcen-Radar für die von Ihnen geschilderte Stresssituation XY aktivieren?“

Wesentliche Vorteile des Individual-Settings bieten sich vor allem im Bereich der *Ressourcenaktivierung*. Hier kann der Coach sich für den Coachee mehr Zeit nehmen, individuell Methoden anzuleiten und die Individualität des Coachees angemessen zu berücksichtigen. Dies können je nachdem, was der Coachee fordert, beispielsweise das *Initiieren eines Stärken- oder Ruhebildes* (siehe Kasten), das Auslegenlassen von Moderationskarten mit eigenen Stärken vor sich in einem Stärkenkreis, das Anleiten von Vorstellungstrainings oder das Üben von positiven Selbstgesprächen sein. Hier kann der Coach prinzipiell aus seinem reichen Methodenrepertoire an ressourcenaktivierenden Methoden schöpfen (siehe dazu auch Deubner-Böhme & Deppe-Schmitz, 2018).

Beispielinstruktionen zum Initiieren eines Stärken- oder Ruhebildes

Die Instruktion kann in vier Schritten erfolgen. Je nachdem, ob der Coachee ein Stärken- oder Ruhebild sucht, ändert man die Instruktionen entsprechend ab. Insbesondere in Schritt 2 und 3 sollte man dem Coachee nach jedem Satz ausreichend Zeit geben, die Bilder entstehen und die Eindrücke wirken zu lassen. An einigen Stellen sind Pausen markiert, was aber nicht bedeutet, dass man sonst keine Pausen machen sollte. Dies sollte man entsprechend seinen Beobachtungen individuell variieren und anpassen. Viele solcher Imaginations- und Selbsthypnosetechniken findet man beispielsweise auch bei Alman und Labrou (2015).

Schritt 1: Die Übung kurz erklären

„In der folgenden Übung bitte ich Sie, nach innen zu gehen, um vor dem inneren Auge eine Situation entstehen zu lassen, in der Sie sich selbst als besonders stark (Stärkenbild) oder besonders gelassen (Ruhebild) erlebt haben. Danach stelle ich Fragen dazu, wie Sie das innere Bild wahrnehmen, welche Eindrücke dort auf Sie wirken, wie Sie sich fühlen und so weiter. Nehmen Sie sich ausreichend Zeit, um das Bild entstehen zu lassen und antworten Sie mir, sobald Sie so weit sind. Sie können die Übung jederzeit abbrechen. Haben Sie noch Fragen dazu?"

Schritt 2: Den Coachee nach innen führen

„Suchen Sie sich nun eine bequeme Sitzposition. Wenn Sie bereit sind, nehmen Sie den Stuhl ganz bewusst wahr, wie Sie darauf sitzen. Wie er sich an Ihren Körper anschmiegt und Ihr ganzes Gewicht trägt. Achten Sie nun auf Ihren Atem. Achten Sie darauf, wie er durch die Lunge strömt und wieder ausgeatmet wird. Wie sich der Atemvorgang immer aufs Neue wiederholt und wie Ihr Atem immer langsamer und tiefer wird." *[kurze Pause]*

Schritt 3: Die Entstehung des Stärken- oder Ruhebildes unterstützen

„Stellen Sie sich nun vor, Sie sind an einem Ort, wo Sie sich besonders stark/gelassen fühlen. Seien Sie neugierig, an welchem Ort Sie sind. Schauen Sie sich ganz in Ruhe dort um." *[Pause]* „Was sehen Sie?"

Nach dem VAKOG-Schema (siehe den Kasten auf Seite 52) kann man nacheinander die Sinneskanäle visuell, auditorisch („Hören Sie genau hin. Was hören Sie?"), kinästhetisch, olfaktorisch und gustatorisch abfragen, um das Bild plastischer und erlebbarer werden zu lassen. Wörtliche Wiederholungen der Antworten des Klienten können zur Vertiefung des Erlebens führen. Der Coach sollte nach jeder Frage eine kurze Pause machen und dem Coachee etwas Zeit lassen, damit sich die Bilder entwickeln können. Wenn nach einer Frage längere Zeit keine Antwort kommt, kann man z.B. mit der offenen Frage „Was ist gerade?" wieder den Kontakt zum Coachee suchen und dann mit gezielteren Fragen leiten.

Schritt 4: Den Coachee zurückführen

„Schauen Sie sich nun noch einmal an dem Ort um und prägen Sie sich die Eindrücke ein. Nehmen Sie vielleicht noch eine kleine Erinnerung von dem Ort mit. Es ist Zeit, zurückzukommen. Nehmen Sie wieder wahr, wie Sie auf dem Stuhl sitzen. Wie Ihr Atem durch die Lungen fließt. Nehmen Sie einen bewussten Atemzug. Wenn Sie bereit sind, öffnen Sie Ihre Augen. Sie sind nun wieder zurück."

Am Schluss kann man als Coach den Coachee nach dem Augenöffnen mit einem „Gut (gemacht)!" bei der Reorientierung helfen.

7.5 Schritt 4: Umsetzung planen

Ziel dieser Phase ist es, den Coachee dabei zu unterstützen, konkrete Ziele und Handlungsstrategien für die in den Phasen „Stressoren erkennen" und „Ressourcen wecken" erfolgte Ist-Analyse zu entwickeln. In den vorangegangenen Phasen wurden Stressoren identifiziert, vorhandene Ressourcen analysiert und Möglichkeiten zur Aktivierung und Nutzung erarbeitet. Damit ist die Ist-Analyse nicht nur eine diagnostische Phase, sondern auch bereits eine Intervention, denn die systematische Auseinandersetzung mit den Stressoren und Ressourcen ist meistens bereits eine *Musterunterbrechung* (vgl. von Schlippe & Schweitzer, 2016) und trägt daher schon zu einer Veränderung bei. Allerdings erfolgt diese Intervention eher nebenbei und unsystematisch, da in diesen Phasen keine konkreten Handlungsschritte geplant werden oder die Planungen nur für sehr spezifische Ressourcen und rudimentär erfolgen. Der Vorteil des Vorgehens ist, dass erst einmal Ressourcen und Techniken exploriert werden. Der Nachteil ist, dass diese noch keine Anknüpfung an konkrete Herausforderungen der Klientinnen und Klienten haben. Hilfreich ist es daher, wenn eine Anbindung an die konkrete persönliche Situation erfolgt und bestehende Handlungsstränge (z.B. gegenwärtige Anforderungen, wie herausfordernde Aufgaben und damit verbundene Ziele) oder typische Ereignisse im Alltag (z.B. Work-Family-Konflikte, Konflikte im Kollegium) aufgegriffen werden. Das Gelernte soll in einen Prozess eingebunden werden.

Dies erfolgt in der Phase „Umsetzung planen", welcher verschiedene theoretische Ansätze zugrunde liegen, aus denen auch konkrete Schritte abgeleitet werden können. Die *Zielsetzungstheorie* von Locke und Latham (1990, 2013) betont die Bedeutung spezifischer und herausfordernder (d.h. schwieriger) Ziele auf die Leistung. Herausfordernde und spezifische Ziele haben – vermittelt über eine erhöhte Aufmerksamkeit auf die Zielerreichung, die investierte Anstrengung und Ausdauer sowie die Strategieentwicklung – einen leistungsförderlichen Effekt. Beeinflusst wird die Stärke des leistungsförderlichen Effektes etwa durch die Fähigkeiten der Person, die Komplexität der Aufgabe, die Bindung an das Ziel und das Vorhandensein von Rückmeldung. Im Coaching dient die Zielsetzungstheorie als Grundlage verschiedener Prozessmodelle (vgl. Kauffeld & Gessnitzer, 2018). Als praktische Empfehlung, die aus der Zielsetzungstheorie abgeleitet wird, gilt, dass Ziele „SMART" sein sollen. Das Akronym *SMART* steht für die fünf Kriterien *s*pezifisch, *m*essbar, *a*mbitioniert, *r*ealistisch und *t*erminiert (siehe Kasten). Im Coachingprozess kann die Phase „Umsetzung planen" damit beginnen, dass ein entsprechendes Transferziel nach den SMART-Kriterien formuliert wird. Hilfreich ist es ferner, die Ziele schriftlich zu fixieren, was eine höhere Verbindlichkeit der gesetzten Ziele erzeugt.

SMART-Kriterien

- *Spezifisch:* Ziele sollten möglichst spezifisch sein. Beispielsweise ist das Lernen für eine Prüfung eher eine unspezifische Absicht als ein Ziel. Das Durcharbeiten von Übungsaufgaben oder Probeklausuren ist hingegen spezifisch. Oft müssen Aufgaben erst in Ziele heruntergebrochen werden.
- *Messbar:* Mit der Spezifizierung sollte auch eine Messbarkeit einhergehen. Zumindest sollte feststellbar sein, ob ein Ziel erreicht wurde oder nicht. Wenn es sich anbietet, empfiehlt es sich, quantitative Messgrößen zu setzen. Beispielsweise sollen bei einer Kundenakquise auf der Messe in einer Stunde mindestens 10 Kontakte aufgebaut werden.
- *Ambitioniert:* Die Ziele sollten anspruchsvoll sein, ohne zu überfordern. Sind die Ziele schnell erreicht, werden sie möglicherweise schnell erledigt (oder erst auf den letzten Drücker) und die positiven Effekte einer erhöhten Anstrengung und Fokussierung lassen schlagartig nach. Wer sich wenig ambitionierte Ziele setzt, der bleibt unter seinen Möglichkeiten. Ambitionierte Ziele helfen hingegen, viel zu erreichen (selbst dann, wenn das Ziel nicht komplett erreicht wird).
- *Realistisch:* Ziele können jedoch auch überambitioniert sein. Wenn die Ziele außer Reichweite sind, dann lohnt sich die Anstrengung oft nicht. Zielanpassungen können dort notwendig sein, wo Ungewissheit oder Unvorhergesehenes es schwer machen, im Vorfeld realistische Ziele zu setzen.
- *Terminiert:* Ziele sollten ein Ende haben. Ist das Ende offen, lassen sich Aufgaben leichter schieben. Während es zum Teil externe Fristen gibt (die oft auch zu Termin- und Zeitdruck führen), sind Aufgaben jedoch häufig ohne Deadline. Vor allem Teilaufgaben sind selten terminiert. In diesen Fällen ist es erforderlich, die Ziele selbst zu terminieren.

Eine weitere Theorie, die in der Phase „Umsetzung planen" nützlich ist, ist die *Construal-Level Theory of Psychological Distance* (Trope & Liberman, 2010). Diese betont die Bedeutung psychologischer Distanz von mentalen Abstraktionen wie selbst gesetzten Zielen. Eine Implikation daraus wäre, nicht nur spezifische Ziele zu setzen, sondern auch konkrete Vorsätze, die Ausführungsbedingungen und Ausführung zu spezifizieren.

Beispiel zur Spezifizierung konkreter Vorsätze

Claudia ist Projektleiterin in einer Versicherung. Sie koordiniert mehrere Projekte. Für jedes dieser Projekte muss sie bis Ende Februar einen umfangreichen Statusbericht über das vergangene Jahr bei der Geschäftsführung abgeben. In den ersten Jahren setzte sich Claudia immer wieder im Dezember das Ziel: „Mindestens zwei Projektberichte bis zum 15. Dezember anfangen". Selten setzte sie jedoch ihre Absicht direkt um. Das Ziel der Projektberichte schien ihr ein weit entferntes Ziel zu sein. Wie ein Berggipfel, der hoch über das Tal ragt und der einen steilen Anstieg erfordert. Oft schrieb sie daher die Statusberichte in der letzten Woche unter hohem Zeitdruck. Nach zwei Jahren mit dieser Erfahrung änderte Claudia ihre Zielsetzung: „Jeden Morgen ab Dezember nehme ich mir eine Viertelstunde Zeit und schreibe einen Absatz für den Zwischenbericht. Ich beginne in alphabetischer Reihenfolge mit den Projekten, bis der erste Bericht fertig ist." Sie schrieb zwar nicht jeden Tag, doch das Ziel erschien ihr näher. Sie überlegte weniger lange, sondern fing an zu schreiben. Sie produzierte Text und entwickelte auch Freude bei der Aufgabe.

Übergeordnete Ziele geben oft Aufschluss über das „Warum" einer Handlung und verleihen Handlungen daher eine Struktur. Gleichzeitig sind sie abstrakt und spezifizieren nicht Ort, Zeit sowie Art und Weise der Handlungsausführung. Dies kann in konkreten Situationen dazu führen, dass die eigenen Ziele nicht konsequent verfolgt werden. Gerade in stressigen Situationen benötigen Menschen aber konkrete Umsetzungsstrategien, da ohnehin nur begrenzte Ressourcen zur Verfügung stehen. Solche konkreten Umsetzungsstrategien für Ziele können *Vorsätze* sein (vgl. Wieber, Sezer & Gollwitzer, 2014). Angewendet auf das „Einfach weniger Stress"-Konzept werden in den Phasen „Stressoren erkennen" und „Ressourcen wecken" eher abstrakte Ziele entwickelt, die noch eine höhere psychologische Distanz aufweisen. Die Phase „Umsetzung planen" spezifiziert nun die Gelegenheit zur Anwendung und erzeugt dadurch eine geringere psychologische Distanz zu den Zielen. Dies erhöht die Wahrscheinlichkeit, dass die Klienten tatsächlich neue, den eigenen Zielen entsprechende Handlungen unternehmen.

Coaches können aufbauend auf diesen theoretischen Ansätzen an die Inhalte aus den vorherigen Phasen anknüpfen. Ziel ist es, konkrete Ziele und Handlungsstrategien zur Reduzierung von Stressoren sowie zur Aktivierung von Ressourcen zu entwickeln. Für Coaches ergeben sich aus den vorherigen Ausführungen die folgenden Empfehlungen zur Gestaltung der Phase „Umsetzung planen“:

1. Die Klientinnen und Klienten sollten dabei unterstützt werden, eigene Ziele zu setzen.
2. Diese Ziele sollten möglichst nach den SMART-Kriterien schriftlich formuliert werden.
3. Die Ziele sollten möglichst anschaulich dargestellt und konkret besprochen werden, um eine geringe psychologische Distanz zu enthalten.
4. Neben Ergebniszielen können Prozessziele hilfreich sein, die neben dem „Was“ auch das „Wie“ der Handlung beschreiben.
5. Es sollten bewusst Lernhandlungen geplant und anschließend reflektiert werden
6. Bei der Planung können Techniken wie die Visualisierung von Vorgehensweisen zum Einsatz kommen (z. B. vorstellen, wie eine wichtige Präsentation ablaufen soll).
7. Es sollte erarbeitet werden, durch wen oder was die Klientin bzw. der Klient Rückmeldungen zu Handlungsprozessen und -ergebnissen erhalten kann.

7.6 Schritt 5: Gelassen handeln

In der Phase „Gelassen handeln“ soll im Vergleich zur vorherigen Phase, in der sehr konkrete Pläne zur Umsetzung gemacht wurden, nun eine gelassene Haltung entwickelt werden. Ziel ist es daher, dass Klientinnen und Klienten Kompetenzen erwerben, um bei auftretenden Barrieren weiterhin zielrealisierend zu handeln. Die Phase adressiert neben rein kognitiven Techniken auch die Ebene der Emotion und versucht unbewusste Prozesse zu nutzen.

Zielsetzungen können die Zielerreichung erleichtern. Doch Zielsetzungen garantieren nicht, dass auch langfristig das Verhalten aufrechterhalten bleibt. Es kann *Barrieren* geben, die einer Zielerreichung im Wege stehen. Neben externen Barrieren, die in Aufgaben begründet sind (z. B. neue Anforderungen in einem Projekt, die zu berücksichtigen sind und einen zurückwerfen), können dies ebenso interne Barrieren sein. Es kann sich Lustlosigkeit breit machen. Auf Misserfolge kann Niedergeschlagenheit folgen. Statt zu handeln, wirken Menschen dann wie „gelähmt“. Positive Emotionen lassen nach. Im Alltag ist dies zu beobachten, wenn ursprüngliche Euphorie nachlässt. Das ist häufig der Fall, wenn Menschen nicht so sind, wie sie sein *wollen,* also Wünsche nicht realisieren können (Kuhl, 2001). Darüber hinaus können sich negative Gefühle wie Schuld oder Ärger breit machen. Dies ist häufig der Fall, wenn Menschen nicht so sind, wie sie sein *sollten* (Kuhl, 2001), also Erwartungen nicht erfüllen können.

Paradoxerweise kann die *Motivation* auch die Leistung mindern. Bei einer hohen Motivation kann die Aufmerksamkeit zu sehr auf die negativen Konsequenzen oder die Handlungsausführung gerichtet sein, sodass intuitive Verhaltensprogramme nicht mehr wie gewohnt abgespult werden. Zu beobachten ist dies gerade in Hochleistungssituationen. Wenn ein Fußballspieler in der 90. Minute einen Elfmeter ausführt, ist dies deutlich schwieriger als im Training. Dieses Phänomen wurde als „choking under pressure“ bezeichnet (Baumeister, 1984). Eine Erklärung dafür ist, dass automatisiertes Verhalten durch eine höhere Aufmerksamkeit auf die unbewussten Prozesse nicht mehr intuitiv abgespult werden kann. Eine andere Erklärung ist, dass zu viel Aufmerksamkeit auf den Konsequenzen und nicht auf der Handlungsausführung liegt (Mesagno & Beckmann, 2017).

Dies mag zunächst widersprüchlich klingen. Einerseits soll die Aufmerksamkeit auf das Handeln fokussiert werden, anderseits soll die Handlungsausführung nicht bewusst geschehen. Dieser Widerspruch lässt sich dadurch auflösen, dass Handlungen *hierarchisch* strukturiert sind. Die Handlungsausführung erfolgt zum Teil auf einer abstrakt-intellektuellen, einer begrifflich-perzeptiven und einer sensomotorischen Ebene (Hacker & Sachse, 2014). Letztere ist eher unbewusst. Hierzu gehört beispielsweise die motorische Ausführung des Schusses beim Elfmeter. Diese sensomotorische Handlungsebene lässt sich dann schwer bewusst kontrollieren. Wichtig ist also, den Fokus auf eine Handlungsebene zu lenken, die für das Ziel angemessen ist. Dies fördert Gelassenheit, indem Gedanken nicht auf Konsequenzen oder das eigene Selbst gerichtet sind.

Auf einer abstrakteren Ebene dienen hierarchische Handlungsstrukturen auch dazu, einzelne Handlungen sowie deren Ergebnisse einzuordnen. Selten ist das Leben nur von Erfolg gekrönt. Erfolgserlebnisse und Misserfolge wechseln sich ab. Einzelne Misserfolge werden teilweise stark verallgemeinert und als Scheitern verurteilt. Dies führt im unglücklichen Fall zu einer reduzierten *Selbstwirksamkeit:* „Ich bin jetzt gescheitert, ich kann es einfach nicht“. Funktionaler ist es, Misserfolge als Lerngelegenheit zu interpretieren. Dies erfordert eine Integration der Erfahrungen in einen größeren Zusammenhang, der hilft widersprüchliche Erfahrungen einzubinden und gelassen zu bleiben. Motto-Ziele können hierbei zur Zielerreichung verwendet werden (vgl. Storch & Krause, 2017).

Eine Möglichkeit ist, die Klientinnen und Klienten beim Entwickeln eines *Motto-Ziels* (siehe den Kasten auf Seite 56) zu unterstützen. Ein Motto-Ziel setzt auf der Haltungsebene an, um so in möglichst vielen Situationen wirksam sein zu können (z.B. „Meine Gelassenheit hilft mir, auch unter Druck gute Entscheidungen zu treffen"). Bei der Entwicklung eines Motto-Ziels geht man in mehreren Schritten vor (vgl. Storch & Krause, 2017):

- Zunächst wird eine *Bildkartei* mit positiv aufgeladenen Bildern zum Thema Entspannung und Gelassenheit ausgelegt (siehe Abbildung 29 auf Seite 56). Eine *Traumreise* (ein Beispiel ist in Abschnitt 6.7.3; siehe auch die Entspannungs-Trance bei Kortsch & Grabert, 2018) kann ein guter Einstieg sein, um den bewussten Verstand etwas zurückzufahren und einen besseren Zugang zur eigenen Intuition zu bekommen. Gleichzeitig hat eine Traumreise häufig eine entspannende Wirkung und kann jederzeit genutzt werden.
- Zur Erstellung des Motto-Ziels soll die Klientin bzw. der Klient „aus dem Bauch heraus" ein Motiv wählen. Anschließend kann der Coach mit Fragen wie „Was fällt Ihnen zu dem Motiv ein?" oder „Warum spricht Sie dieses Motiv so an?" zu *Assoziationen* anregen. Jede Assoziation wird einzeln auf Moderationskarten notiert.
- Diese Assoziationen werden nun einer *Affektbilanz* (Storch, 2010) unterzogen. Das heißt, zu jedem Begriff fragt der Coach, wie stark positiv die Assoziationen mit dem Motiv auf einer Skala von 0 bis 100 sind und wie stark negativ die Assoziationen auf einer Skala von 0 bis 100 sind. Die Ergebnisse können auf den Karten notiert oder auf einem Flipchart insgesamt visualisiert werden. Auf diese Art können schon einige Assoziationen aussortiert werden. Es sollten nur Assoziationen gewählt werden, die auf der Negativ-Skala möglichst bei Null und gleichzeitig auf der Positiv-Skala im stark positiven Bereich (über 70) liegen, damit Ambivalenzen vermieden werden.
- Zu diesen ausgewählten Assoziationen kann nun ein *Brainstorming* stattfinden, wie daraus ein Ziel formuliert werden kann. Der Coach sollte dabei immer darauf achten, dass die Zielformulierung als Annäherungsziel (z.B. „Ich möchte mehr von...") und nicht als Vermeidungsziel (z.B. „Ich will, dass Symptom XY verschwindet") erfolgt. Im Falle von Vermeidungszielen kann das offen-fragend gesprochene Wort „Sondern ...?" (vgl. Prior, 2018) die Klientin bzw. den Klienten dabei unterstützen, daraus ein Annäherungsziel zu entwickeln. Das Ergebnis kann eine sehr blumige Formulierung wie „Ich vertraue auf den Fluss meines Lebens" sein (weitere Beispiele bei Storch, 2010). Der Coach sollte den Klientinnen und Klienten vermitteln, dass dies erst eine erste Version ist und es in Ordnung ist, wenn sich die Formulierung noch verändert.

Die Phase „Gelassen handeln" kann mehrere Coachingsitzungen umfassen. In weiteren Terminen steht dann beispielsweise die Reflexion von Lernversuchen sowie die Anpassung von Plänen im Vordergrund. Die Anzahl an Terminen variiert dabei von Coaching zu Coaching. Ebenso unterscheidet sich die *Zeitspanne* zwischen den Terminen. Bei konkreten Herausforderungen kann eine kleinschrittige Begleitung mit einem Rhythmus von beispielsweise zwei Wochen angebracht sein. Bei allgemeineren Themen können auch Zeiträume von mehreren Monaten zwischen Terminen liegen. Wichtig ist in der letzten Phase immer, das Ziel der Klientinnen und Klienten, das zu Anfang formuliert wurde, noch einmal genau in den Blick zu nehmen. Es kann an dieser Stelle gemeinsam reflektiert werden, inwiefern das anfänglich formulierte Ziel erreicht wurde.

Ein Coaching ist als ein zeitlich begrenzter Prozess angelegt, sodass sich früher oder später der Bedarf ergibt, einen *Abschluss* des Prozesses zu finden und sich zu verabschieden. Mit der Reflexion der Zielerreichung gibt es einen Anlass zum Abschluss dieses Coachingprozesses.

Kapitel 8
Ausblick – Weitere Anwendungsmöglichkeiten

8.1 „Einfach weniger Stress"-Kurse für Führungskräfte

Das in Kapitel 6 vorgestellte „Einfach weniger Stress"-Kurskonzept kann leicht auf spezielle Kontexte und Zielgruppen angepasst werden. Im ersten Schritt genügt es schon, die Anmoderationen der Übungen abzuwandeln und die Wissensimpulse etwas anders einzubetten. Hilfreich ist es zudem, sich mit der Zielgruppe auseinanderzusetzen und auf spezifische Anforderungen einzugehen.

Das „Einfach weniger Stress"-Programm wurde bereits erfolgreich in Unternehmen als Führungskräftetraining eingesetzt. *Führungskräfte* sind eine besonders wichtige Zielgruppe für die Stressprävention in Unternehmen: Metaanalytisch konnte gezeigt werden, dass Führung ein wichtiger Gesundheitsfaktor in Unternehmen ist (Montano, Reeske, Franke & Hüffmeier, 2017). Stresspräventionskurse für Führungskräfte wirken dabei auf zwei Ebenen: Sie sensibilisieren die Führungskräfte für ihr eigenes Stresspräventionsverhalten und wirken dadurch auch auf die Stressprävention der Geführten (Franke, Ducki & Felfe, 2015; Schulte, Lang & Kauffeld, 2018). Führungskräfte sind außerdem häufiger von klinischen Symptomen (z. B. depressive und psychosomatische Symptome) betroffen (Zimber, Hentrich, Bockhoff, Wissing & Petermann, 2015). Insofern sind Maßnahmen zur Stressprävention für Führungskräfte besonders wichtig.

Der Relevanz von Maßnahmen zur Stressprävention steht der *Zeitaufwand* für solche Kurse gegenüber: Viele Studien belegen, dass Führungskräfte länger arbeiten als Beschäftigte ohne Führungsverantwortung, gleichzeitig geht die höhere Arbeitszeit mit höheren gesundheitlichen Risiken einher (Zimber et al., 2015). Es ist insofern schwieriger, Führungskräfte für Stresspräventionskurse zu gewinnen. Auch wenn solche Kurse vor Ort in den Unternehmen stattfinden, zeigt die Erfahrung, dass mit kurzfristigen Absagen zu rechnen ist. Wir haben bereits mehrfach die Erfahrung gemacht, dass Führungskräfte explizit wegen „des hohen Stresslevels" Trainings zum Stressmanagement abgesagt haben.

Um die Erfolgswahrscheinlichkeit der „Einfach weniger Stress"-Kurse mit Führungskräften zu erhöhen, empfehlen wir einige Anpassungen:

1. Komprimierung des Kurskonzeptes auf einen Tag
2. Ergänzung von führungsspezifischen Inhalten und Setzen anderer Schwerpunkte
3. Haltung der Kursleitung und Anpassungen beim Wording

Im Folgenden wird jeder der drei Punkte erläutert.

8.1.1 Komprimierung des Kurskonzeptes auf einen Tag

Eine Verkürzung der Kurszeit für Führungskräfte auf einen Tag hat mehrere Vorteile. Zum einen erleichtert es für interessierte Führungskräfte die Teilnahme, da ein Tag Zeitinvestition leichter mit vollen Kalendern vereinbar ist. Einige Führungskräfte ziehen mehrtägige Angebote möglicherweise gar nicht erst in Erwägung, da dies zu viel Terminkoordination bedeuten würde. Insgesamt wird somit die Wahrscheinlichkeit im Vorfeld des Kurses erhöht, Führungskräfte zu erreichen.

Zum anderen haben Führungskräfte angesichts der Termine, die sie für einen solchen Kurs nicht wahrnehmen können, oft auch höhere Erwartungen an einen solchen Kurs. Die Frage, ob man die Inhalte nicht in kürzerer Zeit hätte behandeln können, wird spätestens am Ende in Feedbackrunden gestellt. Insofern ist eine Komprimierung der Inhalte auch wichtig, damit die Lerneffekte bezüglich der Inhalte nicht durch Unzufriedenheit hinsichtlich des Nutzens im Verhältnis zur investierten Zeit überlagert werden.

Allerdings sieht man sich in der Durchführung des Kurses dann auch oft mit der Paradoxie konfrontiert, dass sich die Teilnehmenden für einzelne Übungen mehr Zeit gewünscht hätten. Dies trifft insbesondere für den Austausch in Kleingruppen und dem Plenum zu, wo viele Führungskräfte neben anderen Perspektiven auch erfahren, dass sie mit ihren Problemen nicht allein sind. Den Austauschphasen und aufkommenden Diskussionen sollten daher immer ausreichend Zeit eingeräumt werden. Auch die Pausen sind in diesem Sinne wichtig und sollten aus diesem Grund immer mindestens 10 Minuten lang sein, da sich dort oft noch weiter zum Thema ausgetauscht wird. Hier ist mitunter ausreichend Flexibilität durch die Kursleitung gefragt. Insofern ist der auf der beiliegenden CD-ROM dargestellte Stundenverlaufsplan für das eintägige Kurskonzept (siehe Abbildung 33) als Vorschlag zu verstehen. Die Beschreibung der Materialien und Inhalte kann dem in Kapitel 6 dargestellten „Einfach weniger Stress"-Kurskonzept und Abschnitt 8.1.2 entnommen werden.

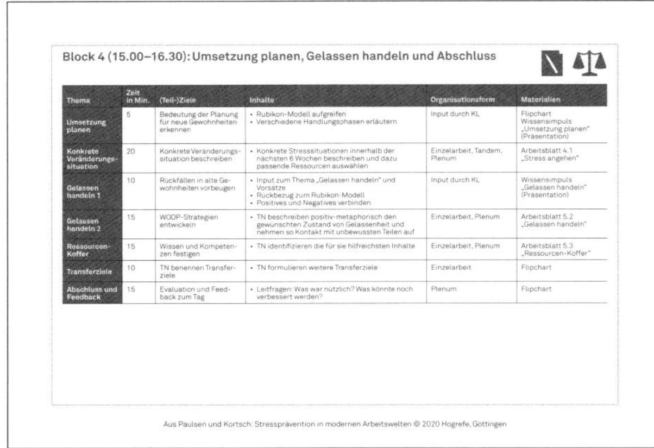

Block 4 (15.00–16.30): Umsetzung planen, Gelassen handeln und Abschluss

Thema	Zeit in Min.	(Teil-)Ziele	Inhalte	Organisationsform	Materialien
Umsetzung planen	5	Bedeutung der Planung für neue Gewohnheiten erkennen	• Rubikon-Modell aufgreifen • Verschiedene Handlungsphasen erläutern	Input durch KL	Flipchart Wissensimpuls „Umsetzung planen" (Präsentation)
Konkrete Veränderungssituation	20	Konkrete Veränderungssituation beschreiben	• Konkrete Stresssituationen innerhalb der nächsten 6 Wochen beschreiben und dazu passende Ressourcen auswählen	Einzelarbeit, Tandem, Plenum	Arbeitsblatt 4.1 „Stress angehen"
Gelassen handeln 1	10	Rückfällen in alte Gewohnheiten vorbeugen	• Input zum Thema „Gelassen handeln" und Vorsätze • Rückbezug zum Rubikon-Modell • Positives und Negatives verbinden	Input durch KL	Wissensimpuls „Gelassen handeln" (Präsentation)
Gelassen handeln 2	15	WOOP-Strategien entwickeln	• TN beschreiben positiv-metaphorisch den gewünschten Zustand von Gelassenheit und nehmen so Kontakt mit unbewussten Teilen auf	Einzelarbeit, Plenum	Arbeitsblatt 5.2 „Gelassen handeln"
Ressourcen-Koffer	15	Wissen und Kompetenzen festigen	• TN identifizieren die für sie hilfreichsten Inhalte	Einzelarbeit, Plenum	Arbeitsblatt 5.3 „Ressourcen-Koffer"
Transferziele	10	TN benennen Transferziele	• TN formulieren weitere Transferziele	Einzelarbeit	Flipchart
Abschluss und Feedback	15	Evaluation und Feedback zum Tag	• Leitfragen: Was war nützlich? Was könnte noch verbessert werden?	Plenum	Flipchart

Abbildung 33: Auszug aus dem Stundenverlaufsplan für den eintägigen Kurs für Führungskräfte

8.1.2 Ergänzung von Inhalten und Schwerpunktsetzung

An einigen Stellen macht es auch Sinn, Konzepte einzubringen, die die Themen Führung und Stress vereinen. Es bietet sich in der Phase „Stress verstehen" an, für Führungskräfte das Konzept der *Health-oriented Leadership* (HoL; Franke & Felfe, 2011) zur gesundheitsorientierten Führung einzubringen, welches die Bedeutung des Themas Stressprävention als Führungsaufgabe noch einmal hervorhebt. Dazu kann eine Skizze des *„Hauses gesundheitsförderlicher Führung"* (Franke, Ducki & Felfe, 2015) am Flipchart das Verständnis erhöhen (siehe Abbildung 34). Mit dieser Abbildung kann man leicht und eingängig verdeutlichen, dass die Selbstfürsorge der Führungskräfte (SelfCare) das Fundament für die Gesundheit auf allen Ebenen (Führungskräfte, Beschäftigte, ganzes Unternehmen) bildet. Die Relevanz des Themas Stressprävention wird damit meistens schnell klar und kann auf dieser Basis diskutiert werden.

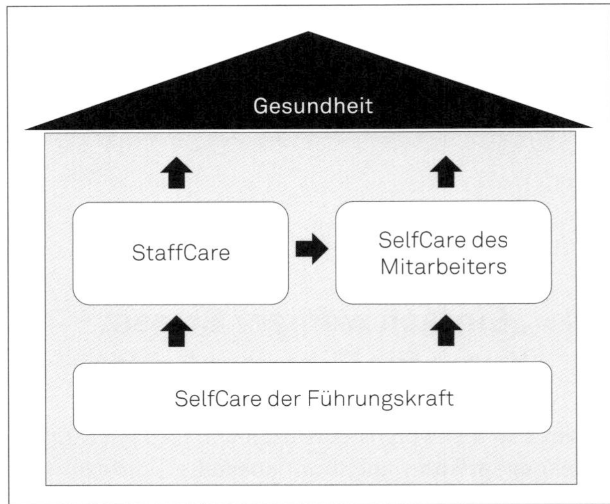

Abbildung 34: Haus gesundheitsförderlicher Führung in Anlehnung an Franke, Felfe und Pundt (2014)

Darüber hinaus kann man auf die vier Wirkmechanismen der gesundheitsorientierten Führung nach Franke et al. (2015) eingehen, die leicht auf das Thema Stress übertragen werden können:

1. *Direkter Einfluss* gegenüber den Beschäftigten durch eigenes stressförderliches Verhalten (z. B. durch Verteilen von Aufgaben) und stressbezogene Kommunikation (z. B. durch Kommunikation von kurzfristigen Deadlines)
2. *Indirekter Einfluss* über die Gestaltung von Arbeitsbedingungen (z. B. durch die Erwartung ständiger Erreichbarkeit über ein Diensthandy)
3. *Eigene Betroffenheit* von verschiedenen Stressfaktoren (z. B. wenig verfügbar für das Team sein, da man ständig in Terminen ist)
4. *Wirkung als Vorbild und Rollenmodell* in Bezug auf die Stressprävention (z. B. indem die Führungskraft nie Pausen macht)

Diese Mechanismen können mit den Teilnehmenden diskutiert werden, um das eigene Handeln zu reflektieren. Leitfragen könnten sein:

- „An welche Situationen erinnern Sie sich, wo Sie ein Stressor für Ihre Beschäftigten waren? Wie ging es Ihnen da selbst?"
- „Welche Arbeitsbedingungen lösen aus Ihrer Sicht besonders viel Stress aus? Welchen Anteil haben Sie daran? Wo können Sie etwas ändern?"
- „Wo unterstützt Sie Ihr Team bereits als Ressource? Wann möchten Sie Ihr Team noch stärker als Ressource nutzen?"

- „Wie setzen Sie selbst bisher Stressprävention um? Welche Wirkung erzeugen Sie damit vermutlich bei Ihrem Team?"

Ein Effekt solcher Diskussionen ist oft, dass sich den Führungskräften das erste Mal Raum eröffnet, über ein Thema zu sprechen, das sie zwar ständig begleitet, aber selten explizit besprochen wird. Außerdem stellen die Führungskräfte durch das Gruppensetting oft fest, dass sie nicht die Einzigen mit diesem Problem sind, was von vielen als sehr entlastend erlebt wird.

Zusätzlich gibt es in den verschiedenen Phasen Themen, die Führungskräfte oft noch ausführlicher besprechen möchten, als es in Kursen mit gemischten Gruppen der Fall ist. Die Themen sind aus Erfahrung der Autoren:

- *Ständige Erreichbarkeit* (Phase „Stress verstehen"): Für Führungskräfte ist es durch die Häufung von Aufgaben und Verantwortlichkeiten oft selbstverständlich, nahezu ständig erreichbar zu sein. Der Selbstcheck anhand von *Arbeitsblatt 1.3* hilft ihnen dabei, sich bewusst mit dem Thema auseinanderzusetzen und das Problembewusstsein zu wecken. Hier gibt es bei Führungskräften danach häufig noch Diskussionsbedarf.
- *Stressoren-Radar* (Phase „Stressoren erkennen"): Bei der Besprechung der individuellen Ergebnisse im Stressoren-Radar (siehe *Arbeitsblatt 2.1* und Abbildung 19 auf Seite 42) zeigt sich oft, dass die Führungskräfte zum Teil ähnliche Stressoren notiert haben, die dann meist unternehmensspezifisch sind. Es macht Sinn, hier eine intensivere Diskussion zuzulassen. Eine Besonderheit ergibt sich auch, wenn viele Führungskräfte mittlerer Hierarchieebenen anwesend sind, die in sogenannten „Sandwich-Positionen" sind und daher bei vielen Entscheidungen einen eingeschränkten Handlungsspielraum wahrnehmen. Auch hier sollte Platz für Diskussion eingeräumt werden. Gleichzeitig muss die Kursleitung dafür sorgen, dass es keine zu starken Ansteckungsprozesse in der Gruppe gibt. Gerade negative Gefühle können schnell auf andere Teilnehmende überspringen und sich in Form einer negativen Gruppenstimmung äußern (vgl. Paulsen & Kauffeld, 2016). Hier sollte die Kursleitung aktiv zuhören. Negative Ist-Zustände gilt es anzuerkennen, genauso wie lösungsorientierte Äußerungen (z. B. dass die Teilnehmenden schon einmal froh sind, dass sie nicht allein sind) hervorzuheben. Auch gezieltes Fragen, das auf positive Aspekte abzielt, kann förderlich sein („Was ist das Gute an dieser Erkenntnis? Was haben Sie durch diese negativen Erfahrungen gelernt?").
- *Techniken der Ressourcenaktivierung* (Phase „Ressourcen wecken"): Dieses Thema wird von vielen Führungskräften als hilfreich erlebt, da die eigenen Ressourcen eine Stellschraube sind, die völlig aus den Augen verloren wurde. Gleichzeitig werden in der Auseinandersetzung damit viele Techniken „wiederentdeckt", die in der Vergangenheit bereits praktiziert wurden. Hierfür sollte deshalb ausreichend Zeit eingeplant werden. Es kann beispielsweise nach der *„Think-Pair-Share"-Methode* in drei Phasen vorgegangen werden: Zunächst reflektieren Teilnehmende für sich selbst, tauschen sich dann paarweise aus und teilen und diskutieren die Erkenntnisse dann im Plenum.
- *Diskussion eines Umsetzungsplans für eine konkrete Stresssituation* (Phase „Umsetzung planen"): Es fällt Teilnehmenden häufig schwer, Ideen für neue Ressourcen in den konkreten Situationen zu entwickeln. Dies liegt hauptsächlich daran, dass das gewohnte Denken eher stressorenorientiert ist. Wenn allerdings keine neuen Möglichkeiten, Ressourcen zu nutzen, entdeckt werden, kann die Übung insgesamt als wenig hilfreich erlebt werden. Gerade für die Zielgruppe der Führungskräfte zeigt sich allerdings, dass konkrete Ergebnisse und neue Erkenntnisse besonders wichtig sind, um den Kurs insgesamt als nützlich zu erleben. Deshalb ist es wichtig, dass die Kursleitung an dieser Stelle noch einmal gezielt nachfragt und auch zum Rückbezug auf das in der Phase „Ressourcen wecken" Erarbeitete anregt.
- *Wenn-Dann-Pläne für die Barrieren der WOOP-Strategie* (Phase „Gelassen handeln"): Die individuelle Erstellung von Wenn-Dann-Plänen fördert die sehr konkrete Auseinandersetzung mit bestimmten Barrieren. Dies wird als sehr anschauliches und greifbares Ergebnis erlebt. Die Diskussion der individuellen Wenn-Dann-Pläne der anderen Teilnehmenden hilft zudem dabei, weitere Ideen für eigene Wenn-Dann-Pläne zu entwickeln.

8.1.3 Haltung der Kursleitung und Anpassungen beim Wording

Ein weiterer Aspekt, der bei Führungskräften eine noch stärkere Rolle als bei anderen Teilnehmenden spielt, ist es, eine angemessene Sprache zu wählen. Konkrete Beispiele für sprachliche Anpassungen sind:

- Der Kurs wird als „Training" bezeichnet, was für Führungskräfte ein vertrauter Begriff ist und womit stärker ausgedrückt wird, dass hier etwas trainiert wird, Praxisanteile also eine große Rolle spielen.
- Die Kursleitung gibt den Führungskräften keine „Aufgaben" zu den Inhalten, die sie bearbeiten sol-

len. Stattdessen bekommen die Führungskräfte beispielsweise „die Gelegenheit, die Inhalte auf ihre eigenen Erfahrungen anzuwenden".

Führungskräfte sind es eher gewohnt, andere anzuleiten und Aufgaben zu delegieren. Insofern ist die Rolle als Teilnehmende in einem Kurs, in dem eine andere Person die Vorgaben macht, ungewohnt. Durch ihre Anmoderationen und die Wahl ihrer Worte kann die Kursleitung den teilnehmenden Führungskräften vermitteln, dass die angedachte Struktur des Kurses ein Angebot ist, Wünsche der Teilnehmenden sehr willkommen sind und berücksichtigt werden und die Führungskräfte in ihrer fachlichen Expertise ernst genommen werden. Die Kursleitung sollte sich also anfangs stärker als Moderatorin oder Moderator und Prozessbegleitung darstellen und weniger als Experte für die Situation von Führungskräften. Statt den Kursplan streng zu verfolgen, sollten daher von den Führungskräften eingebrachte Wünsche und Themen berücksichtigt werden. Falls einzelne Anliegen sehr viel Zeit beanspruchen, kann die Kursleitung die Teilnehmenden darauf hinweisen, dass dies gern noch vertieft diskutiert werden kann, dafür dann aber für andere Inhalte weniger Zeit bleibt. Die Teilnehmenden können dann darüber abstimmen, was ihnen wichtiger ist. Interessanterweise kann die Kursleitung dann wiederum fachliche Expertise einbringen und passende Modelle und Theorien zur Beschreibung, Erklärung und Lösung für die individuelleren Anlässe im Sinne von Angeboten einbringen.

8.2 Von eHealth bis mHealth: Stressprävention mit digitaler Unterstützung

Angesichts einer zunehmenden Digitalisierung stellt sich die Frage, inwieweit digitale Angebote nicht auch bei der Stressprävention und -bewältigung helfen können. Zu digitalen Angeboten zählen neben Online-Kursen, die teilweise mit Nachrichten auf das Smartphone unterstützt werden (eHealth: z.B. „GET.ON Stress"; Heber et al, 2013), auch smartphonebasierte Interventionen (mHealth: z.B. Achtsamtkeits-App; Ly et al., 2014). Der Vorteil digitaler Angebote ist, dass damit große Personenanzahlen erreicht werden können und sie potenziell jederzeit verfügbar sind.

Auch wenn im deutschsprachigen Raum bezüglich Empfehlungen zum Einsatz von eHealth-Interventionen bei depressiven Störungen Zurückhaltung herrscht (Backenstrass & Wolf, 2018), gibt es bereits vielversprechende Hinweise, die für deren Einsatz sprechen. So zeigen Metaanalysen, dass begleitete Selbsthilfeprogramme (wie eHealth- und mHealth-Interventionen es oft sind) ähnlich wirksam sind wie klassische Face-to-Face-Formate (Cuijpers, Donker, van Straten, Li & Andersson, 2010) und internetbasierte Interventionen auch insgesamt positive Effekte beispielsweise auf depressive Symptome haben (Firth et al., 2017; Karyotaki et al., 2018). Sie bilden insofern eine gute *Ergänzung* für Präsenzformate zur Stressprävention und können beispielsweise im Sinne einer Transferbegleitung oder im Vorfeld von Kursen eingesetzt werden.

Für den Einsatz von Apps zur Stressprävention spricht auch, dass sie es ermöglichen, das eigene Verhalten zu monitoren, zu reflektieren und dann schließlich zu ändern (z.B. Conroy, Yang & Maher, 2014). Im Kontext des „Einfach weniger Stress"-Programms können Apps beispielsweise nützlich sein, um das eigene *Stresslevel* bewusster zu beobachten und eigene Stressauslöser zu erkennen.

Smartphones und Apps werden auch vermehrt dazu genutzt, arbeitsbezogene Probleme zu lösen und neue Kompetenzen zu entwickeln, wie empirische Studien zeigen (z.B. Kortsch & Kauffeld, 2016; Kortsch, Schulte & Kauffeld, 2019). Insofern sollten Apps großes Potenzial für den *Aufbau von Ressourcen* bieten. Verschiedene Apps wie die Achtsamkeits-App von Ly et al. (2014) ermöglichen die Instruktion verschiedener Übungen (z.B. Entspannungsübungen, Atemübungen oder Achtsamkeitsübungen).

Von Apps zur Behandlung psychischer Störungen sind *Gesundheits-Apps* abzugrenzen (vgl. Albrecht, 2016), die das Ziel der Gesundheitsförderung und somit die Zielgruppe gesunder Menschen im Blick haben (d.h. Menschen ohne klinisch diagnostizierte Störung). Aktuell wächst die Anzahl an verfügbaren Gesundheits-Apps rasant, die Nutzende bei gesundheitsförderlichem Verhalten unterstützen sollen. Trotz der vielversprechenden Möglichkeiten steckt die Forschung zu Gesundheits-Apps aber noch in den Kinderschuhen (Albrecht, 2016). Ein weiteres Problem ist, dass viele Gesundheits-Apps, die psychologische Inhalte behandeln, oft gar nicht von Psychologinnen oder Psychologen konzeptionell entwickelt werden, sondern von anderen Personengruppen. Eine fundierte wissenschaftliche Grundlage in Kombination mit entsprechender Qualifikation des Entwicklerteams solcher Apps gilt als essenziell für deren Qualität (Albrecht, 2016).

Die Studienlage mit Bezug auf digitale Interventionen gegen Stress zeigt, dass solche Interventionen das *Stresserleben* reduzieren können. Eine frühe Studie von Ruwaard, Lange, Bouwman, Broeksteeg und Schrieken (2007) konnte zeigen, dass eine E-Mailbasierte Intervention gegen Stress über einen Zeitraum von zwei bis vier Monaten, die auf der kognitiven Verhaltenstherapie basierte, das Stresslevel signifikant senkte. Diese Effekte waren nach drei Jahren in der Follow-up-Messung weiterhin nachweisbar, die Effektstärken (Unterschied zwischen Experimental- und Kontrollgruppe) hatten sogar noch zugenommen. Außerdem wurde in einigen Studien die Wirksamkeit des *Online-Kurses* „GET.ON Stress" untersucht (z. B. Ebert et al., 2016; Heber et al., 2013, 2016). In den randomisierten Kontrollgruppenstudien konnte gezeigt werden, dass der siebenwöchige Stresskurs, der auf dem transaktionalen Stressmodell von Lazarus und Folkman (1987) beruht, bei den Teilnehmenden Stress und z. B. depressive Symptome signifikant senkte. Diese Unterschiede zur Kontrollgruppe blieben bis auf wenige Ausnahmen auch nach einem halben Jahr bestehen.

Ein Beispiel für eine psychologisch fundierte App ist die *Stresscue-App* (www.stresscue.de; vgl. z. B. Paulsen & Kortsch, 2017), bei deren Entwicklung die Anforderungen an wissenschaftlich fundierte Gesundheits-Apps (vgl. Albrecht, 2016) aufgegriffen wurden. Die Stresscue-App wurde auf Grundlage des „Einfach weniger Stress"-Konzeptes entwickelt und hat auch die gleiche theoretische Basis (z. B. das Job-Demands-Resources-Modell; vgl. Abschnitt 2.3). Sie soll Nutzende dabei unterstützen, ihre *Selbstkompetenz* zur Stressbewältigung zu steigern. Durch die tägliche Erfassung des Stresslevels sowie von Ressourcen und Stressoren wird das Wissen über den eigenen Stress und dessen Entstehung gesteigert. Die Visualisierung des Stresslevels und -verlaufs soll einer gesteigerten Reflexionsfähigkeit zum Thema Stress dienen (siehe Abbildung 35).

Aufgrund der gleichen theoretischen Basis kann die Stresscue-App die „Einfach weniger Stress"-Kurse, Beratungen und Coachings ergänzen und so den *Transfer* der Inhalte in den Alltag erleichtern. Dieses Vorgehen wurde bereits in Kursen erprobt (siehe Kapitel 4). Die Teilnehmenden gaben durchweg positive Rückmeldungen zu der Kombination aus Kurs und App, die die Stärken eines Präsenzangebotes (z. B. professionelle Anleitung, Austausch mit anderen) mit denen einer Gesundheits-App (z. B. ständige Verfügbarkeit, Tracking von Stress und Stressauslösern sowie Ressourcen) verknüpft. Andererseits funktioniert die App aber auch als alleinige Lösung gegen Stress. Eine Pilotstudie konnte zeigen, dass bereits eine einwöchige Nutzung den erlebten Stress im Vergleich zu einer Kontrollgruppe signifikant reduziert und das Wissen über die eigenen Stressoren und Ressourcen langfristig steigert (siehe Kapitel 4).

8.3 Das „Einfach weniger Stress"-Konzept im betrieblichen Gesundheitsmanagement

Im Zuge des betrieblichen Gesundheitsmanagements spielt die Prävention psychischer Belastungen eine immer größere Rolle (Ghadiri, Ternès & Peters, 2016). Es werden zwei Ansätze unterschieden: die Verhaltens- und die Verhältnisprävention.

Zu den Maßnahmen der *Verhaltensprävention* zählen Trainings, die auf den Aufbau von Stressmanagementkompetenzen abzielen. Verhaltensprävention umfasst eine Prävention durch eine Anpassung des Verhal-

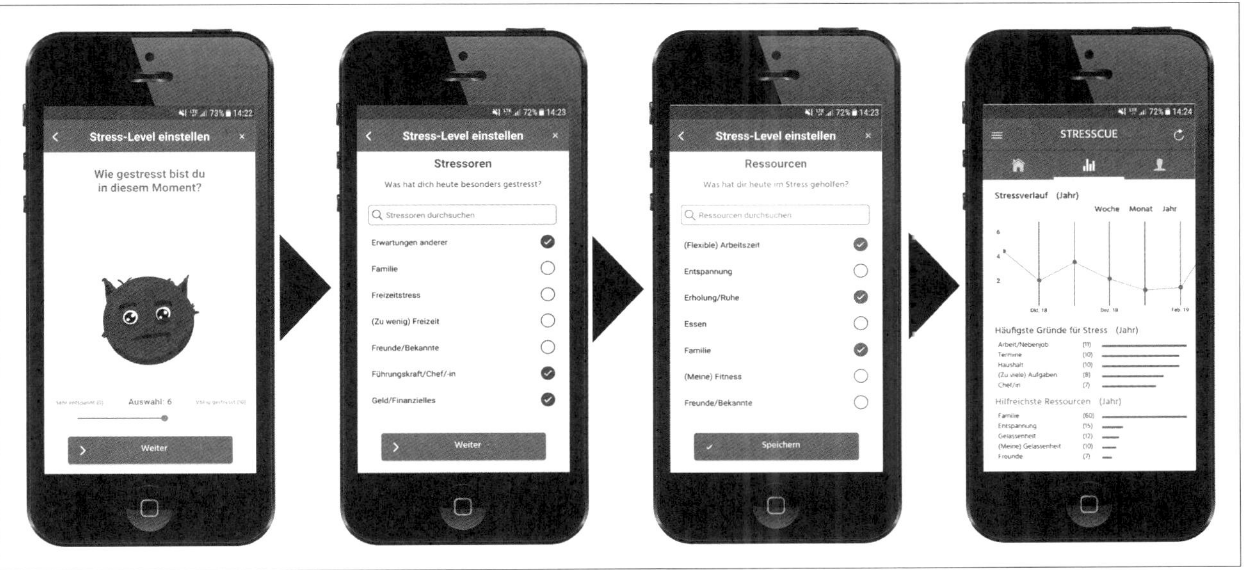

Abbildung 35: Prozess der Stress-Einschätzung mit Feedback

tens der Beschäftigten, die dazu befähigt werden, psychische Anforderungen besser zu bewältigen. Es geht vor allem darum, dass die Beschäftigten die notwendigen Ressourcen erhalten, um mit Belastungssituationen besser umzugehen. Auch wenn der Begriff Verhaltensprävention nahelegt, dass es allein um Verhalten geht, zählen ebenso Einstellungsänderungen, die zu einer Reduktion des Beanspruchungserlebens führen, zur Verhaltensprävention.

Die *Verhältnisprävention* setzt hingegen an den Arbeitsbedingungen an. Im Fokus steht ein Abbau von Stressoren und der Aufbau von Ressourcen durch die Anpassung der eigenen Arbeitsorganisation sowie andere geeignete Maßnahmen. So können etwa in einem Schichtbetrieb hinreichend Zeiten für die Übergabe eingeplant werden. Arbeitsprozesse können so gestaltet werden, dass ausreichend Feedback ermöglicht wird sowie ganzheitliche Aufgaben übernommen werden. Weitere Maßnahmen können die Schaffung von störungsfreien (Zeit-)Räumen für Arbeiten sein, die eine hohe Konzentration erfordern.

Das „Einfach weniger Stress“-Programm als Maßnahme der individuellen Verhaltensprävention kann auch auf das betriebliche Gesundheitsmanagement übertragen werden und zusätzlich die Arbeitsbedingungen in den Fokus nehmen. Das Konzept bietet mit den fünf Phasen einen Zugang zum Aufbau eines betrieblichen Gesundheitsmanagements.

Die Phase *„Stress verstehen“* umfasst dann eine Vermittlung von Erklärungsmodellen und Befunden zur Stressentstehung, die neben den grundlegenden Modellen und deren Evidenz auf individueller Ebene auch Gruppenprozesse sowie Organisationsstrukturen berücksichtigen. So zeigt sich beispielsweise, dass das Burnout-Level eines Teams das Burnout-Level einzelner Beschäftigter zu beeinflussen scheint (Bakker, van Emmerik & Euwema, 2006). Ein Grund hierfür ist, dass Gefühle in Gruppen ansteckend sind. Negative Gefühle (z. B. Angst, Nervosität, Gereiztheit) oder die Abwesenheit von positiven Gefühlen (z. B. Niedergeschlagenheit, Lethargie, Müdigkeit) gehen mit Stress einher oder springen über, sodass sich eine kollektive negative Stimmung herausbildet (vgl. für einen Überblick Paulsen & Kauffeld, 2016). Konkret bedeutet dies, dass sich einzelne Beschäftigte von anderen Teammitgliedern herunterziehen lassen. Man könnte also sagen, dass Burnout ansteckend ist. Dies gilt ebenso für die positive Seite: Hohes Arbeitsengagement und damit einhergehende Arbeitsfreude kann vom Team auf einzelne Beschäftigte überspringen (Bakker et al., 2006). Auch weitere Befunde zeigen, dass das Job-Demands-Resources-Modell auf die Teamebene anwendbar ist: So können auch Teams Job Crafting betreiben, sich als Ressourcen füreinander erschließen und so ihre Leistung steigern (Tims, Bakker, Derks & van Rhenen, 2013). Zielgruppe der Vermittlung können dabei verschiedene Stakeholder innerhalb der Organisation sein – angefangen von der Geschäftsleitung über Führungskräfte, Personalerinnen und Personalern bis hin zu einzelnen Beschäftigten.

In den nächsten Phasen stehen eine Analyse von Stressoren sowie das Erkennen vorhandener und Erschließen neuer Ressourcen an. Die Erweiterung des Job-Demands-Resources-Modell vom einzelnen Beschäftigten auf höhere Ebenen lenkt den Blick auf das Vorhandensein von Stressoren und Ressourcen innerhalb von Arbeitsgruppen bis hin zur gesamten Organisation. Im Fokus stehen dabei weniger individuelle (unterschiedliche) Stressoren und Ressourcen, sondern in der Organisation oder in der Arbeitsgruppe bei vielen Beschäftigten verbreitete Anforderungen (z. B. nicht optimale Arbeitsprozesse) und vorhandene Ressourcen (z. B. eine Unterstützungskultur).

Die Phase *„Stressoren erkennen“* dient also dazu, solche Anforderungen zu identifizieren, die typisch für die Organisation sind. Demgegenüber dient die Phase *„Ressourcen wecken“* dazu, den Blick auf vorhandene Ressourcen im Unternehmen zu lenken. Im Rahmen dieser beiden Phasen erfolgt auch immer eine Art „Datenerhebung“, entweder qualitativ in Form von Workshops und Interviews oder quantitativ in Form von Fragebögen. Interessant sind hier neue Ansätze, die sich durch digitale Technologien ergeben. Digitale Tools wie die Stresscue-App (siehe Abschnitt 8.2) bieten zudem das Potenzial, hochauflösende Daten zu gewinnen und durch eine Aggregation individueller Werte Aussagen über die Verbreitung innerhalb der Organisation treffen zu können. Gleichzeitig kann die Erhebung bereits Nutzen für die Beschäftigten stiften (z. B. eine Reflexion vorhandener Stressoren ermöglichen).

Neben der Datenerhebung geht es in der Phase „Ressourcen wecken“ auch immer um eine Intervention. Konkret sollten kollektive Ressourcen geschaffen oder (wieder-)entdeckt werden. Dies können beispielsweise geteilte Wahrnehmungen sein: Eine Arbeitsgruppe kann etwa für sich erkennen, dass sie alle gemeinsame Werte teilen. Darüber hinaus können strukturell Ressourcen im Unternehmen aufgebaut werden. Zum Beispiel kann die Erkenntnis einer Analyse in der Phase „Stressoren erkennen“ sein, dass Führung eine häufige Quelle von Stress ist. In der Folge wird der Aufbau von Führungskompetenzen geplant, die für die Beschäftigten dann eine neue Ressource darstellen.

Aber auch eine Anpassung von Organisationsstrukturen oder Prozessen kann zu einem Aufbau von Ressourcen führen (z. B. die Definition klarer Verantwortlichkeiten). Solche strukturellen Veränderungen sind meistens langwierig. Dies geschieht selten von heute auf morgen. Daher bedarf es einer Phase *„Umsetzung planen"*. Hier ist es von Bedeutung, innerhalb der Ebenen Zuständigkeiten zu definieren (z. B. im Team oder im gesamten Unternehmen). Förderlich ist es, wenn es „Kümmerer oder Kümmerinnen" gibt, die die Umsetzung im Blick behalten und die Beschäftigten unterstützen (vgl. Kortsch, Paulsen & Kauffeld, 2018).

In Organisationen ist die Umsetzung von Maßnahmen mindestens ebenso häufig wie auf individueller Ebene von Rückschlägen oder Misserfolgen geprägt. Dies zieht oft Frustrationserlebnisse bei Beschäftigten nach sich und kann zu Ansteckungsprozessen führen. Einige reagieren auch zynisch, wenn es um die Planung von Maßnahmen geht, da sie der Organisation nicht zutrauen, diese wirklich umzusetzen. Um bei Rückschlägen und Misserfolgen bei der Umsetzung von Maßnahmen zu bleiben, bietet sich daher auch auf Organisationsebene eine Phase *„Gelassen handeln"* an. Hierbei können digitale Tools helfen, die Umsetzung von Maßnahmen nachzuhalten. Spezifische Apps wie die Stresscue-App können zudem dafür genutzt werden, dass Beschäftigte untereinander sowie insbesondere auch Führungskräfte die eigenen Ressourcen stets im Blick behalten (siehe auch den Baustein SelfCare in Abschnitt 8.1.2) und so immer wieder daran erinnert werden, zur Ressourcenaktivierung im Kollegium bzw. bei den Mitarbeitenden beizutragen (z. B. indem sie Wertschätzung äußern oder Feedback geben).

Im Rahmen der Anwendung des „Einfach weniger Stress"-Konzeptes auf Unternehmensebene kann auch eine *Gefährdungsbeurteilung psychischer Belastungen* integriert werden. Dabei sollte allerdings beachtet werden, dass bei der Gefährdungsbeurteilung die Analyse von Belastungen sowie im Anschluss die Verhältnisprävention im Fokus stehen, Ressourcen in diesem Rahmen also eher ausgeblendet werden. Ferner ist psychologische Expertise bei vielen Schritten der Gefährdungsanalyse gefragt (vgl. Bamberg & Mohr, 2016).

Literatur

Aarts, H. (2007). Health and goal-directed behavior: The nonconscious regulation and motivation of goals and their pursuit. *Health Psychology Review, 1* (1), 53–82. http://doi.org/10.1080/17437190701485852

Achtziger, A. & Gollwitzer, P.M. (2010). Motivation und Volition im Handlungsverlauf. In J. Heckhausen & H. Heckhausen (Hrsg.), *Motivation und Handeln* (4. Aufl., S. 309–335). Berlin: Springer.

Albrecht, U.-V. (Hrsg.). (2016). *Chancen und Risiken von Gesundheits-Apps (CHARISMHA)*. Verfügbar unter: http://www.digibib.tu-bs.de/?docid=00060000

Alman, B.M. & Labrou, P.T. (2015). *Selbsthypnose. Ein Handbuch zur Selbsttherapie* (12. Aufl.). Heidelberg: Carl-Auer.

Arthur, W., Day, E.A., McNelly, T.L. & Edens, P.S. (2003). A meta-analysis of the criterion-related validity of assessment center dimensions. *Personnel Psychology, 56* (1), 125–153. http://doi.org/10.1111/j.1744-6570.2003.tb00146.x

Backenstrass, M. & Wolf, M. (2018). Internetbasierte Therapie in der Versorgung von Patienten mit depressiven Störungen: Ein Überblick. *Zeitschrift für Psychiatrie, Psychologie und Psychotherapie, 66* (1), 48–60. http://doi.org/10.1024/1661-4747/a000339

Bakker, A.B. (2011). An evidence-based model of work engagement. *Current Directions in Psychological Science, 20* (4), 265–269. http://doi.org/10.1177/0963721411414534

Bakker, A.B. & Demerouti, E. (2007). The job demands-resources model: State of the art. *Journal of Managerial Psychology, 22* (3), 309–328. http://doi.org/10.1108/02683940710733115

Bakker, A.B. & Demerouti, E. (2017). Job demands-resources theory: Taking stock and looking forward. *Journal of Occupational Health Psychology, 22* (3), 273–285. http://doi.org/10.1037/ocp0000056

Bakker, A.B. & Sanz-Vergel, A.I. (2013). Weekly work engagement and flourishing: The role of hindrance and challenge job demands. *Journal of Vocational Behavior, 83* (3), 397–409. http://doi.org/10.1016/j.jvb.2013.06.008

Bakker, A.B., van Emmerik, H. & Euwema, M.C. (2006). Crossover of burnout and engagement in work teams. *Work and Occupations, 33* (4), 464–489. http://doi.org/10.1177/0730888406291310

Baldwin, T.T. & Ford, J.K. (1988). Transfer of training: a review and directions for future research. *Personal Psychology, 41* (1), 63–105. http://doi.org/10.1111/j.1744-6570.1988.tb00632.x

Baldwin, T.T., Ford, J.K. & Blume, B.D. (2017). The state of transfer of training research: Moving toward more consumer-centric inquiry. *Human Resource Development Quarterly, 28*, 17–28. http://doi.org/10.1002/hrdq.21278

Bamberg, E. & Mohr, G. (2016). Psychologisches Wissen für die Praxis: Gefährdungsbeurteilungen im Arbeits- und Gesundheitsschutz. *Psychologische Rundschau, 67*, 130–134. http://doi.org/10.1026/0033-3042/a000314

Bandler, R. & Grinder, J. (1975). *Patterns of the Hypnotic Techniques of Milton H. Erickson* (Vol. 1). Cupertino, CA: Meta Publications.

Bandura, A. (1977). *Social learning theory*. Englewood Cliffs, NJ: Prentice Hall.

Baumeister, R.F. (1984). Choking under pressure: self-consciousness and paradoxical effects of incentives on skillful performance. *Journal of Personality and Social Psychology, 46* (3), 610–620. http://doi.org/10.1037/0022-3514.46.3.610

Beckmann, J. & Gollwitzer, P.M. (1987). Deliberative versus implemental states of mind: The issue of impartiality in pre- and postdecisional information processing. *Social Cognition, 5*, 259–279. http://doi.org/10.1521/soco.1987.5.3.259

Bennett, A.A., Bakker, A.B. & Field, J.G. (2018). Recovery from work-related effort: A meta-analysis. *Journal of Organizational Behavior, 39* (3), 262–275. http://doi.org/10.1002/job.2217

Bennett, N. & Lemoine, G.J. (2014). What a difference a word makes: Understanding threats to performance in a VUCA world. *Business Horizons, 57* (3), 311–317. http://doi.org/10.1016/j.bushor.2014.01.001

Bitkom (2018). *Smartphone-Markt: Konjunktur und Trends*. Verfügbar unter: https://www.bitkom.org/sites/default/files/file/import/Bitkom-Pressekonferenz-Smartphone-Markt-22-02-2018-Praesentation-final.pdf

Blume, B.D., Ford, J.K., Baldwin, T.T. & Huang, J.L. (2010). Transfer of training: a meta-analytic review. *Journal of Management, 36* (4), 1065–1105. http://doi.org/10.1177/0149206309352880

Brunstein, J.C. (2010). Implizite und explizite Motive. In J. Heckhausen & H. Heckhausen (Hrsg.), *Motivation und Handeln* (S. 237–255). Berlin: Springer.

Bundesanstalt für Arbeitsschutz und Arbeitsmedizin (BAuA) (2017). *Psychische Gesundheit in der Arbeitswelt. Wissenschaftliche Standortbestimmung.* Dortmund: Bundesanstalt für Arbeitsschutz und Arbeitsmedizin.

Busch, C., Roscher, S., Ducki, A., Kalytta, T. & Liedtke, G. (2015). *Stressmanagement für Teams in Service, Gewerbe und Produktion – ein ressourcenorientiertes Trainingsmanual* (2. Aufl.). Berlin: Springer.

Clauß, E., Hoppe, A., Schachler, V. & Dettmers, J. (2016). Erholungskompetenz bei Berufstätigen mit hoher Autonomie und Flexibilität. *Personal Quarterly, 68* (2), 22–27.

Cohen, J. (1988). *Statistical Power Analysis for the Behavioral Sciences.* Hillsdale, NJ: Lawrence Erlbaum Associates.

Conroy, D.E., Yang, C.H. & Maher, J.P. (2014). Behavior change techniques in top-ranked mobile apps for physical activity. *American Journal of Preventive Medicine, 46* (6), 649–652. http://doi.org/10.1016/j.amepre.2014.01.010

Crawford, E.R., LePine, J.A. & Rich, B.L. (2010). Linking job demands and resources to employee engagement and burnout: a theoretical extension and meta-analytic test. *Journal of Applied Psychology, 95* (5), 834–848. http://doi.org/10.1037/a0019364

Cuijpers, P., Donker, T., van Straten, A., Li, J. & Andersson, G. (2010). Is guided self-help as effective as face-to-face psychotherapy for depression and anxiety disorders? A systematic review and meta-analysis of comparative outcome studies. *Psychological Medicine, 40* (12), 1943–1957. http://doi.org/10.1017/S0033291710000772

Demerouti, E., Bakker, A.B., Nachreiner, F. & Schaufeli, W.B. (2001). The job demands-resources model of burnout. *Journal of Applied Psychology, 86* (3), 499–512. http://doi.org/10.1037/0021-9010.86.3.499

Derks, D. & Bakker, A.B. (2014). Smartphone use, work-home interference, and burnout: A diary study on the role of recovery. *Applied Psychology, 63* (3), 411–440. http://doi.org/10.1111/j.1464-0597.2012.00530.x

Deubner-Böhme, M. & Deppe-Schmitz, U. (2018). *Coaching mit Ressourcenaktivierung. Ein Leitfaden für Coaches, Berater und Trainer.* Göttingen: Hogrefe. http://doi.org/10.1026/02790-000

Ebert, D.D., Heber, E., Berking, M., Riper, H., Cuijpers, P., Funk, B. & Lehr, D. (2016). Self-guided internet-based and mobile-based stress management for employees: results of a randomised controlled trial. *Occupational & Environmental Medicine, 73* (5), 315–323. http://doi.org/10.1136/oemed-2015-103269

Erdmann, G. & Janke, W. (2008). *Stressverarbeitungsfragebogen (SVF). Stress, Stressverarbeitung und ihre Erfassung durch ein mehrdimensionales Testsystem* (4. Aufl.). Göttingen: Hogrefe.

Firth, J., Torous, J., Nicholas, J., Carney, R., Rosenbaum, S. & Sarris, J. (2017). Can smartphone mental health interventions reduce symptoms of anxiety? A meta-analysis of randomized controlled trials. *Journal of Affective Disorders, 218,* 15–22. http://doi.org/10.1016/j.jad.2017.04.046

Franke, F., Ducki, A. & Felfe, J. (2015). Gesundheitsförderliche Führung. In J. Felfe (Hrsg.), *Trends der psychologischen Führungsforschung: Neue Konzepte, Methoden und Erkenntnisse* (S. 253–263). Göttingen: Hogrefe.

Franke, F. & Felfe, J. (2011). Diagnose gesundheitsförderlicher Führung – Das Instrument „Health-oriented Leadership". In B. Badura, A. Ducki, H. Schröder, J. Klose & K. Macco (Hrsg.), *Fehlzeitenreport 2011* (S. 3–13). Heidelberg: Springer.

Franke, F., Felfe, J. & Pundt, A. (2014). The impact of health-oriented leadership on follower health: Development and test of a new instrument measuring health-promoting leadership. *German Journal of Human Resource Management, 28* (1–2), 139–161. http://doi.org/10.1177/239700221402800108

Fräntzel, E. & Johannsen, D. (2019). *80 Bildkarten für Coaching, Supervision, Training und Psychotherapie. Lern- und Veränderungsprozesse initiieren.* Göttingen: Hogrefe. http://doi.org/10.1026/02940-000

Fredrickson, B.L. (1998). What good are positive emotions? *Review of General Psychology, 2* (3), 300–319. http://doi.org/10.1037/1089-2680.2.3.300

Fredrickson, B.L. (2001). The role of positive emotions in positive psychology: The broaden-and-build theory of positive emotions. *American Psychologist, 56* (3), 218–226. http://doi.org/10.1037/0003-066X.56.3.218

Fredrickson, B.L. (2003). The value of positive emotions: The emerging science of positive psychology is coming to understand why it's good to feel good. *American Scientist, 91* (4), 330–335. http://doi.org/10.1511/2003.4.330

Fredrickson, B.L. (2004). The broaden-and-build theory of positive emotions. *Philosophical Transactions of the Royal Society B: Biological Sciences, 359* (1449), 1367–1377.

Fredrickson, B.L. (2009). *Positivity: Groundbreaking Research To Release Your Inner Optimist And Thrive.* New York, NY: Crown Publishing.

Frey, C.B. & Osborne, M. (2013). *The future of employment. How susceptible are jobs to computerization?* Oxford, UK: Oxford Martin Programme on Technology and Employment, University of Oxford.

Ghadiri, A., Ternès, A. & Peters, T. (Hrsg.). (2016). *Trends im Betrieblichen Gesundheitsmanagement: Ansätze aus Forschung und Praxis.* Wiesbaden: Springer Gabler.

GKV-Spitzenverband & Medizinischer Dienst des Spitzenverbandes Bund der Krankenkassen (MDS) (Hrsg.). (2018). *Präventionsbericht 2018.* Verfügbar unter: https://www.gkv-spitzenverband.de/media/dokumente/krankenversicherung_1/praevention__selbsthilfe__beratung/praevention/praeventionsbericht/2018_GKV_MDS_Praeventionsbericht.pdf

Gollwitzer, P.M. (1999). Implementation intentions: strong effects of simple plans. *American Psychologist, 54* (7), 493–503. http://doi.org/10.1037/0003-066X.54.7.493

Gollwitzer, P.M. (2014). Weakness of the will: Is a quick fix possible? *Motivation und Emotion, 38,* 305–322. http://doi.org/10.1007/s11031-014-9416-3

Gollwitzer, P.M., Heckhausen, H. & Steller, B. (1990). Deliberative and implemental mind-sets: Cognitive tuning toward congruous thoughts and information. *Journal of Per-*

sonality and Social Psychology, 59 (6), 1119–1127. http://doi.org/10.1037/0022-3514.59.6.1119

Gollwitzer, P.M. & Sheeran, P. (2006). Implementation intentions and goal achievement: A meta-analysis of effects and processes. *Advances in Experimental Social Psychology, 38*, 69–119. http://doi.org/10.1016/S0065-2601(06)38002-1

Greiner, A., Langer, S. & Schütz, A. (2012). *Stressbewältigungstraining für Erwachsene mit ADHS*. Berlin: Springer. http://doi.org/10.1007/978-3-642-25802-2

Grinder, J., DeLozier, J. & Bandler, R. (1977). *Patterns of the Hypnotic Techniques of Milton H. Erickson, Vol. II*. Cupertino, CA: Meta Publications.

Grossman, R. & Salas, E. (2011). The transfer of training: what really matters. *International Journal of Training and Development, 15* (2), 103–120. http://doi.org/10.1111/j.1468-2419.2011.00373.x

Hacker, W. & Sachse, P. (2014). *Allgemeine Arbeitspsychologie: Psychische Regulation von Tätigkeiten* (3. Aufl.). Göttingen: Hogrefe.

Heber, E., Ebert, D.D., Lehr, D., Nobis, S., Berking, M. & Riper, H. (2013). Efficacy and cost-effectiveness of a web-based and mobile stress-management intervention for employees: design of a randomized controlled trial. *BMC Public Health*, 13:655. http://doi.org/10.1186/1471-2458-13-655

Heber, E., Lehr, D., Ebert, D.D., Berking, M. & Riper, H. (2016). Web-based and mobile stress management intervention for employees: a randomized controlled trial. *Journal of Medical Internet Research, 18* (1), e21. http://doi.org/10.2196/jmir.5112

Heckhausen, H. & Gollwitzer, P.M. (1987). Thought contents and cognitive functioning in motivational versus volitional states of mind. *Motivation and Emotion, 11* (2), 101–120. http://doi.org/10.1007/BF00992338

Helmrich, R., Tiemann, M., Troltsch, K., Lukowski, F., Neuber-Pohl, C., Lewalder, A.C. & Güntürk-Kuhl, B. (2016). *Digitalisierung der Arbeitslandschaften: Keine Polarisierung der Arbeitswelt, aber beschleunigter Strukturwandel und Arbeitsplatzwechsel*. Bonn: Bundesinstitut für Berufsbildung.

Hilbert, M. & López, P. (2011). The world's technological capacity to store, communicate, and compute information. *Science, 332* (6025), 60–65.

Holmes, T.H. & Rahe, R.H. (1967). The Social Readjustment Rating Scale. *Journal of Psychosomatic Research, 11*, 213–218. http://doi.org/10.1016/0022-3999(67)90010-4

Jakowlew, N.N. (1975). Biochemische Adaptationsmechanismen der Skelettmuskeln an erhöhte Aktivität. *Medizin und Sport, 5*, 132–139.

Kagermann, H., Wahlster, W. & Helbig, J. (Hrsg.). (2013). *Umsetzungsempfehlungen für das Zukunftsprojekt Industrie 4.0. Abschlussbericht des Arbeitskreises Industrie 4.0*. Verfügbar unter: https://www.bmbf.de/files/Umsetzungsempfehlungen_Industrie4_0.pdf

Kahler, T. (1975). Drivers – The Key to the Process Script. *Transactional Analysis Journal, 5* (3), 280–285. http://doi.org/10.1177/036215377500500318

Kaluza, G. (2018). *Stressbewältigung. Trainingsmanual zur psychologischen Gesundheitsförderung* (4. Aufl.). Berlin: Springer. http://doi.org/10.1007/978-3-662-55638-2

Karasek, R.A. (1979). Job demands, job decision latitude, and mental strain: Implications for job redesign. *Administrative Science Quarterly, 24* (2), 285–308. http://doi.org/10.2307/2392498

Karyotaki, E., Ebert, D.D., Donkin, L., Riper, H., Twisk, J., Burger, S. et al. (2018). Do guided internet-based interventions result in clinically relevant changes for patients with depression? An individual participant data meta-analysis. *Clinical Psychology Review, 63*, 80–92. http://doi.org/10.1016/j.cpr.2018.06.007

Kauffeld, S. (2006). *Kompetenzen messen, bewerten, entwickeln*. Stuttgart: Schäffer-Poeschel.

Kauffeld, S. (2016). *Nachhaltige Personalentwicklung und Weiterbildung. Betriebliche Seminare und Trainings entwickeln, Erfolge messen, Transfer sichern* (2. Aufl.). Berlin: Springer. http://doi.org/10.1007/978-3-662-48130-1

Kauffeld, S. & Gessnitzer, S. (2018). *Coaching: Wissenschaftliche Grundlagen und praktische Anwendung*. Stuttgart: Kohlhammer.

Kauffeld, S. & Paulsen, H. (2018). *Kompetenzmanagement in Unternehmen: Kompetenzen beschreiben, messen, entwickeln und nutzen*. Stuttgart: Kohlhammer.

Kauffeld, S., Paulsen, H. & Ulbricht, S. (2016). Ergebnisbezogene und prozessbezogene Evaluation. In M. Dick, W. Marotzki & H. Mieg (Hrsg.), *Handbuch Professionsentwicklung* (S. 464–473). Stuttgart: UTB.

Kim, M. & Beehr, T.A. (2018). Challenge and hindrance demands lead to employees' health and behaviours through intrinsic motivation. *Stress and Health, 34* (3), 367–378. http://doi.org/10.1002/smi.2796

Knight, C., Patterson, M. & Dawson, J. (2017). Building work engagement: A systematic review and meta-analysis investigating the effectiveness of work engagement interventions. *Journal of Organizational Behavior, 38* (6), 792–812. http://doi.org/10.1002/job.2167

Kortsch, T. & Grabert, G. (2018). *Raus aus dem Hamsterrad: Stressbewältigung durch (Selbst-)Hypnose*. Verfügbar unter: http://de.in-mind.org/article/raus-aus-dem-hamsterrad-stressbewaeltigung-durch-selbst-hypnose

Kortsch, T. & Kauffeld, S. (2016). Smartphones bei der Arbeit? Neue Möglichkeiten der Unterstützung des Wissensaustauschs und des Lernens. *Wirtschaftspsychologie, 1*, 22–31.

Kortsch, T., Paulsen, H. & Fabian, A. (2019a, September). *Training or App? Comparison of two stress prevention interventions for the digitalized world of work*. Paper presented at the 33rd Annual Conference of the European Health Psychology Society, Dubrovnic, Croatia.

Kortsch, T., Paulsen, H. & Fabian, A. (2019b, September). *Analog oder digital? Vergleich der Wirksamkeit von zwei Stresspräventions-Interventionen für die digitale Arbeitswelt*. Vortrag auf der 11. Fachgruppentagung Arbeits-, Organisations- und Wirtschaftspsychologie, Braunschweig.

Kortsch, T., Paulsen, H. & Kauffeld, S. (2018). Unterstützungskultur trifft auf digitale Lösungen: Kompetenzentwicklung mit dem KOMPETENZ-NAVI optimieren. In S. Kauffeld & F. Frerichs (Hrsg.), *Kompetenzmanagement in kleinen und mittelständischen Unternehmen: Eine Frage der Betriebskultur?* (S. 181–193). Berlin: Springer. http://doi.org/10.1007/978-3-662-54830-1_11

Kortsch, T., Schulte, E.M. & Kauffeld, S. (2019). Learning @ Work: Informal Learning Strategies of German Craft Workers. *European Journal of Training and Development, 43* (5/6), 418–434. https://doi.org/10.1108/EJTD-06-2018-0052

Kraiger, K. (2014). Looking back and looking forward: Trends in training and development research. *Human Resource Development Quarterly, 25* (4), 401–408. http://doi.org/10.1002/hrdq.21203

Krause, F. & Storch, M. (2017). *Ressourcen aktivieren mit dem Unbewussten. Die ZRM-Bildkartei Bildformat DIN A6* (2. Aufl.). Bern: Hogrefe.

Kuhl, J. (2001). *Motivation und Persönlichkeit. Interaktionen psychischer Systeme.* Göttingen: Hogrefe.

Langer, K.F., Schulz von Thun, F. & Tausch, R. (1974). *Verständlichkeit in Schule, Verwaltung, Politik und Wissenschaft.* München: Ernst Reinhardt.

Langer, K.F., Schulz von Thun, F. & Tausch, R. (2015). *Sich verständlich ausdrücken* (10. Aufl.). München: Ernst Reinhardt.

Lazarus, R.S. (1991). Progress on a cognitive-motivational-relational theory of emotion. *American Psychologist, 46* (8), 819–834. http://doi.org/10.1037/0003-066X.46.8.819

Lazarus, R.S. (2000). Toward better research on stress and coping. *American Psychologist, 55* (6), 665–673. http://doi.org/10.1037/0003-066X.55.6.665

Lazarus, R.S. & Folkman, S. (1987). Transactional theory and research on emotions and coping. *European Journal of Personality, 1* (3), 141–169. http://doi.org/10.1002/per.2410010304

Lesener, T., Gusy, B. & Wolter, C. (2019). The job demands-resources model: A meta-analytic review of longitudinal studies. *Work & Stress, 33* (1), 76–103. http://doi.org/10.1080/02678373.2018.1529065

Lichtenthaler, P.W. & Fischbach, A. (2019). A meta-analysis on promotion-and prevention-focused job crafting. *European Journal of Work and Organizational Psychology, 28* (1), 30–50. http://doi.org/10.1080/1359432X.2018.1527767

Liesenfeld, M. (2009, Mai). *„Komplementärberatung": Der Sportpsychologe als Fach- und Prozessberater.* Vortrag auf der 41. Jahrestagung der Arbeitsgemeinschaft für Sportpsychologie, Leipzig.

Locke, E.A. & Latham, G.P. (1990). *A Theory of Goal Setting & Task Performance.* Englewood Cliffs, NJ: Prentice Hall.

Locke, E.A. & Latham, G.P. (2013). Goal Setting Theory. In G.P. Latham & E.A. Locke (Eds.), *New Developments in Goal Setting and Task Performance* (pp. 27–39). New York, NY: Routledge.

Luhmann, N. (1997). *Die Gesellschaft der Gesellschaft.* Frankfurt/M.: Suhrkamp.

Ly, K.H., Trüschel, A., Jarl, L., Magnusson, S., Windahl, T., Johansson, R. et al. (2014). Behavioural activation versus mindfulness-based guided self-help treatment administered through a smartphone application: a randomised controlled trial. *BMJ Open,* 4:e003440. http://doi.org/10.1136/bmjopen-2013-003440

Marien, H., Custers, R. & Aarts, H. (2018). Understanding the Formation of Human Habits: An Analysis of Mechanisms of Habitual Behaviour. In B. Verplanken (Ed.), *The Psychology of Habit* (pp. 51–69). Cham: Springer.

Maturana, H.R. & Varela, F. (2009). *Der Baum der Erkenntnis. Die biologischen Wurzeln des Erkennens.* München: Fischer.

Matyssek, A.K. (2011). *Gesund führen – sich und andere. Trainingsmanual zur psychosozialen Gesundheitsförderung im Betrieb.* Norderstedt: Books on Demand.

Matyssek, A.K. (2018). *Gesund führen. Das Handbuch für schwierige Situationen* (2. Aufl.). Norderstedt: Books on Demand.

Meijman, T.F. & Mulder, G. (1998). Psychological aspects of workload. In P.J.D. Drenth, H. Thierry & C.J. de Wolff (Eds.), *Handbook of work and organizational psychology, Vol. 2: Work psychology* (pp. 5–33). Hove, UK: Psychology Press.

Menz, W., Pauls, N. & Pangert, B. (2016). Arbeitsbezogene erweiterte Erreichbarkeit: Ursachen, Umgangsstrategien und Bewertung am Beispiel von IT-Beschäftigten. *Wirtschaftspsychologie, 2,* 55–66.

Mesagno, C. & Beckmann, J. (2017). Choking under pressure: Theoretical models and interventions. *Current Opinion in Psychology, 16,* 170–175. http://doi.org/10.1016/j.copsyc.2017.05.015

Mohr, G., Rigotti, T. & Müller, A. (2005). Irritation – ein Instrument zur Erfassung psychischer Beanspruchung im Arbeitskontext. Skalen-und Itemparameter aus 15 Studien. *Zeitschrift für Arbeits- und Organisationspsychologie, 49* (1), 44–48. http://doi.org/10.1026/0932-4089.49.1.44

Montano, D., Reeske, A., Franke, F. & Hüffmeier, J. (2017). Leadership, followers' mental health and job performance in organizations: A comprehensive meta-analysis from an occupational health perspective. *Journal of Organizational Behavior, 38* (3), 327–350. http://doi.org/10.1002/job.2124

Oettingen, G. (2015). *Rethinking positive thinking: Inside the new science of motivation.* New York, NY: Random House.

Oettingen, G. & Reininger, K.M. (2016). The power of prospection: mental contrasting and behavior change. *Social and Personality Psychology Compass, 10* (11), 591–604. http://doi.org/10.1111/spc3.12271

Ohly, S. & Latour, A. (2014). Work-related smartphone use and well-being in the evening. *Journal of Personnel Psychology, 13,* 174–183. http://doi.org/10.1027/1866-5888/a000114

Orbell, S. & Verplanken, B. (2015). The strength of habit. *Health Psychology Review, 9* (3), 311–317. http://doi.org/10.1080/17437199.2014.992031

Pauls, N., Pangert, B. & Schlett, C. (2017). *Selbstcheck „Ständige Erreichbarkeit – Ein Thema in meinem Unternehmen?" Fragebogen zu Ausmaß, Auslösern, Folgen und Umgangsweisen.* Freiburg: Albert-Ludwigs-Universität Freiburg. Verfügbar unter: http://erreichbarkeit.eu/produkte

Paulsen, H. & Kauffeld, S. (2016). Ansteckungsprozesse in Gruppen. Die Rolle von geteilten Gefühlen für Gruppenprozesse und -ergebnisse. *Gruppe. Interaktion. Organisation.*

Zeitschrift für Angewandte Organisationspsychologie, 47 (4), 357–364. http://doi.org/10.1007/s11612-016-0340-8

Paulsen, H. & Kortsch, T. (2017, August). *Nachhaltige Stressprävention mit der „Einfach weniger Stress"-App – ein Konzept zur Unterstützung des Wissenstransfers aus Stresspräventionskursen in den Alltag.* Vortrag auf dem 13. Kongress für Gesundheitspsychologie, Siegen.

Peter, B. (2015). Hypnose und die Konstruktion von Wirklichkeit. In D. Revenstorf & B. Peter (Hrsg.), *Hypnose in Psychotherapie, Psychosomatik und Medizin. Ein Manual für die Praxis* (3. Aufl., S. 37–45). Heidelberg: Springer.

Poell, R.F., Lundgren, H., Bang, A., Justice, S.B., Marsick, V.J., Sung, S. & Yorks, L. (2018). How do employees' individual learning paths differ across occupations? A review of 10 years of empirical research. *Journal of Workplace Learning, 30* (5), 315–334. http://doi.org/10.1108/JWL-01-2018-0019

Poell, R.F. & van der Krogt, F.J. (2010). Individual learning paths of employees in the context of social networks. In S. Billett (Ed.), *Learning through practice* (pp. 197–221). Dordrecht, NL: Springer.

Prem, R., Ohly, S., Kubicek, B. & Korunka, C. (2017). Thriving on challenge stressors? Exploring time pressure and learning demands as antecedents of thriving at work. *Journal of Organizational Behavior, 38* (1), 108–123. http://doi.org/10.1002/job.2115

Prior, M. (2012). *Beratung und Therapie optimal vorbereiten.* Heidelberg: Carl-Auer.

Prior, M. (2018). *MiniMax-Interventionen: 15 minimale Interventionen mit maximaler Wirkung.* Heidelberg: Carl-Auer.

pronovaBKK (2018). *Betriebliches Gesundheitsmanagement 2018. Ergebnisse der Arbeitnehmerbefragung. Februar 2018.* Ludwigshafen: pronovaBKK. Verfügbar unter: https://www.pronovabkk.de/downloads/ae740f1f69ccabf0/pronovaBKK_BGM_Studie2018.pdf

Rauen, C. (2003). Unterschiede zwischen Coaching und Psychotherapie. *Organisationsberatung, Supervision, Coaching, 10* (3), 289–292. http://doi.org/10.1007/s11613-003-0034-2

Reschke, K. & Schröder, H. (2000). *Optimistisch den Stress meistern* (2. Aufl.). Tübingen: dgvt-Verlag.

Ruwaard, J., Lange, A., Bouwman, M., Broeksteeg, J. & Schrieken, B. (2007). E-mailed standardized cognitive behavioural treatment of work-related stress: A randomized controlled trial. *Cognitive Behaviour Therapy, 36* (3), 179–192. http://doi.org/10.1080/16506070701381863

Schaufeli, W.B. & Bakker, A.B. (2004). Job demands, job resources, and their relationship with burnout and engagement: A multi-sample study. *Journal of Organizational Behavior, 25*, 293–315. http://doi.org/10.1002/job.248

Schaufeli, W.B., Bakker, A.B. & Salanova, M. (2006). The measurement of work engagement with a short questionnaire: A cross-national study. *Educational and Psychological Measurement, 66* (4), 701–716. http://doi.org/10.1177/0013164405282471

Schaufeli, W.B. & Taris, T.W. (2014). A critical review of the job demands-resources model: Implications for improving work and health. In G.F. Bauer & O. Hämmig (Eds.), *Bridging occupational, organizational and public health* (pp. 43–68). New York, NY: Springer. http://doi.org/10.1007/978-94-007-5640-3_4

Schulte, E.-M., Lang, J. & Kauffeld, S. (2018). Gesund führen, aber wie? Wie die Förderung von Self Care und Staff Care gelingt. *PERSONALquarterly, 70*, 24–31.

Schweden, F., Kästner, T. & Rau, R. (2019). Erleben von Tätigkeitsspielraum. Die Abhängigkeit des erlebten Tätigkeitsspielraums von Arbeits- und Personenmerkmalen. *Zeitschrift für Arbeits- und Organisationspsychologie, 63*, 59–70. http://doi.org/10.1026/0932-4089/a000280

Selye, H. (1936). A syndrome produced by diverse nocuous agents. *Nature, 138*, 32. http://doi.org/10.1038/138032a0

Selye, H. (1956). *The stress of life.* New York, NY: McGraw-Hill.

Shin, H., Park, Y.M., Ying, J.Y., Kim, B., Noh, H. & Lee, S.M. (2014). Relationships between coping strategies and burnout symptoms: A meta-analytic approach. *Professional Psychology: Research and Practice, 45* (1), 44–56. http://doi.org/10.1037/a0035220

Sonnentag, S. & Fritz, C. (2015). Recovery from job stress: The stressor-detachment model as an integrative framework. *Journal of Organizational Behavior, 36*, S72–S103. http://doi.org/10.1002/job.1924

Stab, N. & Schulz-Dadaczynski, A. (2017). Arbeitsintensität: Ein Überblick zu Zusammenhängen mit Beanspruchungsfolgen und Gestaltungsempfehlungen. *Zeitschrift für Arbeitswissenschaft, 71* (1), 14–25. http://doi.org/10.1007/s41449-017-0048-9

Storch, M. (2010). Motto-Ziele, S.M.A.R.T.-Ziele und Motivation. In B. Birgmeier (Hrsg.), *Coachingwissen* (S. 183–206). Wiesbaden: VS Verlag für Sozialwissenschaften.

Storch, M. & Krause, F. (2017). *Selbstmanagement – ressourcenorientiert. Grundlagen und Trainingsmanual für die Arbeit mit dem Zürcher Ressourcen Modell (ZRM)* (6. Aufl.). Bern: Hogrefe. http://doi.org/10.1024/85818-000

Szabo, S., Tache, Y. & Somogyi, A. (2012). The legacy of Hans Selye and the origins of stress research: a retrospective 75 years after his landmark brief "letter" to the editor of nature. *Stress, 15* (5), 472–478. http://doi.org/10.3109/10253890.2012.710919

Techniker Krankenkasse (2016). *Entspann dich, Deutschland. TK-Stressstudie 2016.* Hamburg: Techniker Krankenkasse. Verfügbar unter: https://www.tk.de/resource/blob/2026630/9154e4c71766c410dc859916aa798217/tk-stressstudie-2016-data.pdf

Tims, M., Bakker, A.B. & Derks, D. (2013). The impact of job crafting on job demands, job resources, and well-being. *Journal of Occupational Health Psychology, 18* (2), 230–240. http://doi.org/10.1037/a0032141

Tims, M., Bakker, A.B., Derks, D. & van Rhenen, W. (2013). Job crafting at the team and individual level: Implications for work engagement and performance. *Group & Organization Management, 38* (4), 427–454. http://doi.org/10.1177/1059601113492421

Trist, E.L. & Bamforth, K.W. (1951). Some social and psychological consequences of the longwall method of coal-getting: An examination of the psychological situation and defences of a work group in relation to the social structure and technological content of the work system. *Human Relations, 4* (1), 3–38. http://doi.org/10.1177/001872675100400101

Trope, Y. & Liberman, N. (2010). Construal-level theory of psychological distance. *Psychological Review, 117* (2), 440–463. http://doi.org/10.1037/a0018963

Uexküll, T.V. & Wesiack, W. (1996). Theorie des diagnostischen Prozesses. *Psychosomatische Medizin, 5*, 301–306.

Ulich, E. (2011). *Arbeitspsychologie*. Zürich: vdf.

von Ameln, F. & Wimmer, R. (2016). Neue Arbeitswelt, Führung und organisationaler Wandel. Gruppe. Interaktion. Organisation. *Zeitschrift für Angewandte Organisationspsychologie, 47* (1), 11–21. http://doi.org/10.1007/s11612-016-0303-0

von Schlippe, A. & Schweitzer, J. (2016). *Lehrbuch der systemischen Therapie und Beratung I: Das Grundlagenwissen*. Göttingen: Vandenhoeck & Ruprecht. http://doi.org/10.13109/9783666401855

Webb, T.L., Miles, E. & Sheeran, P. (2012). Dealing with feeling: a meta-analysis of the effectiveness of strategies derived from the process model of emotion regulation. *Psychological Bulletin, 138* (4), 775–808. http://doi.org/10.1037/a0027600

Wieber, F., Sezer, L.A. & Gollwitzer, P.M. (2014). Asking "why" helps action control by goals but not plans. *Motivation and Emotion, 38* (1), 65–78. http://doi.org/10.1007/s11031-013-9364-3

Wood, W. & Neal, D.T. (2007). A new look at habits and the habit-goal interface. *Psychological Review, 114* (4), 843–863. http://doi.org/10.1037/0033-295X.114.4.843

Wrzesniewski, A. & Dutton, J.E. (2001). Crafting a job: Revisioning employees as active crafters of their work. *Academy of Management Review, 26* (2), 179–201. http://doi.org/10.5465/amr.2001.4378011

Zhang, F. & Parker, S.K. (2019). Reorienting job crafting research: A hierarchical structure of job crafting concepts and integrative review. *Journal of Organizational Behavior, 40* (2), 126–146. http://doi.org/10.1002/job.2332

Zimber, A., Hentrich, S., Bockhoff, K., Wissing, C. & Petermann, F. (2015). Wie stark sind Führungskräfte psychisch gefährdet? *Zeitschrift für Gesundheitspsychologie, 23*, 123–140. http://doi.org/10.1026/0943-8149/a000143

Anhang

Übersicht über die Materialien auf der CD-ROM

Materialien für die Kursleitung	Input-Präsentation zu Modellen
	Instruktion „Auf zum Picknick“
	Stundenverlaufsplan für den 1,5-tägigen Kurs
	Stundenverlaufsplan für den eintägigen Kurs für Führungskräfte
	Video zum „Einfach weniger Stress“-Konzept
Materialien für Teilnehmende	Arbeitsblätter

Sarah Geßler / Christina Köppe / Theresa Fehn / Astrid Schütz
Training emotionaler Kompetenzen (EmoTrain)
Ein Gruppentraining zur Förderung von Emotionswahrnehmung und Emotionsregulation bei Führungskräften

2019, VIII/51 Seiten, Großformat, inkl. CD-ROM,
€ 34,95 / CHF 45.50
ISBN 978-3-8017-2795-6
Auch als eBook erhältlich

EmoTrain bietet Trainern einen praxisorientierten Leitfaden, um dieses wissenschaftlich fundierte Führungskräftetraining sicher durchzuführen. Alle notwendigen Trainingsmaterialien, bestehend aus einem detaillierten Trainerleitfaden, einer Trainingspräsentation und verschiedenen Vorlagen, sind auf der beiliegenden CD-ROM verfügbar.

Annika Krick / Jörg Felfe / Karl-Heinz Renner
Stärken- und Ressourcentraining
Ein Gruppentraining zur Gesundheitsprävention am Arbeitsplatz

2018, 160 Seiten, Großformat, inkl. DVD,
€ 39,95 / CHF 48.50
ISBN 978-3-8017-2920-2
Auch als eBook erhältlich

Dieses Manual enthält ein systematisches Trainingsprogramm für Akteure und Verantwortliche im betrieblichen Gesundheitsmanagement. Beschäftigte lernen in diesem Trainingsprogramm, ihre eigenen Stärken und Ressourcen besser zu nutzen und zu entwickeln.

Alexander Häfner / Julia Hartmann / Lydia Pinneker
Zeitmanagement
Ein Trainingshandbuch für Trainer, Personalentwickler und Führungskräfte

2015, 91 Seiten, Großformat, inkl. CD-ROM,
€ 34,95 / CHF 46.90
ISBN 978-3-8017-2471-9
Auch als eBook erhältlich

Bislang basieren Zeitmanagementtrainings häufig auf Ratgeberliteratur mit wenigen Hinweisen und Belegen, ob ein Training tatsächlich wirkt und warum es möglicherweise wirkt. Fundierte Zeitmananagementtrainings mit Wirksamkeitsbelegen sind hingegen rar. Diese Lücke versuchen die Autoren zu schließen.

Maja Storch / Frank Krause
Selbstmanagement – ressourcenorientiert
Grundlagen und Trainingsmanual für die Arbeit mit dem Zürcher Ressourcen Modell (ZRM®)

6., überarb. Aufl. 2017, 400 Seiten,
€ 39,95 / CHF 48.50
ISBN 978-3-456-85818-0
Auch als eBook erhältlich

Selbstmanagement kann ausgesprochen lustvoll sein, wenn es sich konsequent an persönlichen Ressourcen orientiert. Das Zürcher Ressourcen Modell (ZRM®) ist eine vielfach erprobte und wissenschaftlich fundierte Methode zur gezielten Entwicklung von Handlungspotenzialen.

Uta Deppe-Schmitz / Miriam Deubner-Böhme
100 Karten für das Coaching mit Ressourcenaktivierung

2018, Kartenbox mit 100 Karten und 16-seitigem Booklet,
€ 29,95 / CHF 39.90
ISBN 978-3-8017-2892-2

Das Kartenset beinhaltet 70 farbige Fotokarten und 30 Fragekarten mit ressourcenaktivierenden Aspekten, die sich ideal im Coaching, bei der Beratung, im Training und in der Psychotherapie einsetzen lassen.

Evelin Fräntzel / Dieter Johannsen
80 Bildkarten für Coaching, Supervision, Training und Psychotherapie
Lern- und Veränderungsprozesse initiieren

2019, Kartenbox mit 80 Bildkarten und 40-seitigem Booklet,
€ 49,95 / CHF 65.00
ISBN 978-3-8017-2940-0

Das beiliegende Booklet gibt zahlreiche Anregungen zum Einsatz der Bildkarten in der Praxis.